石油及天然气井筒作业现场安全评价技术
电气作业

中国石油集团川庆钻探工程有限公司长庆石油工程监督公司 编

石油工业出版社

内容提要

本书结合陆上石油及天然气钻探企业井筒施工现场电气作业 HSE 管理现状，系统讲述了安全评价知识、评价方法等概念性质、规律特点，全面介绍了井筒施工现场电气作业危害因素辨识、危险影响评价、评价单元和评价模型创建等内容，具有重要的理论和实践指导意义。

本书适用于井筒施工作业人员阅读使用，也可作为井筒施工现场电气作业培训教材。

图书在版编目（CIP）数据

石油及天然气井筒作业现场安全评价技术. 电气作业 / 中国石油集团川庆钻探工程有限公司长庆石油工程监督公司编. -- 北京：石油工业出版社，2025.3. -- ISBN 978-7-5183-7344-4

Ⅰ. TE28

中国国家版本馆 CIP 数据核字第 2025DK6143 号

出版发行：石油工业出版社

（北京安定门外安华里 2 区 1 号　100011）

网　　址：www.petropub.com

编辑部：（010）64523553　图书营销中心：（010）64523633

经　　销：全国新华书店

印　　刷：北京中石油彩色印刷有限责任公司

2025 年 3 月第 1 版　2025 年 3 月第 1 次印刷

787×1092 毫米　开本：1/16　印张：8.25

字数：101 千字

定价：78.00 元

（如出现印装质量问题，我社图书营销中心负责调换）

版权所有，翻印必究

编委会

主　任：杨勇平　李　明
委　员：张锁辉　杨　雄　杨　波　文化武　秦等社
　　　　　米秀峰　代　波　苗庆宁　李正君　王　勇

编写组

主　编：秦等社
副主编：阮存寿
成　员：（以姓氏笔画为序）
　　　　　王昱昀　田　伟　李　浩　李　瑛　李　鹏
　　　　　杨　波　邱晓翔　何光勇　沈天恩　宋玉平
　　　　　陈贝贝　陈林涛　陈耀军　周明军　周赟玺
　　　　　星学平　钱　宇　高赛男　覃冬冬　程国锋
　　　　　薛国梁

前 言

PREFACE

党的十八大以来，以习近平同志为核心的党中央高度重视安全生产工作，习近平总书记多次发表重要讲话、作出重要指示批示，鲜明提出坚持人民至上、生命至上"两个至上"，统筹发展和安全"两件大事"，强化从根本上消除事故隐患、从根本上解决问题"两个根本"等一系列新理念、新论述，这些重要论述，为做好新时代陆上石油及天然气钻探行业安全生产工作提供了根本遵循和行动指南。

陆上石油及天然气钻探企业具有野外流动性强、自然环境恶劣、工艺技术复杂、危险暴露频次高、电气设备众多等特点，施工现场电气设备安装、使用、防护不当，可能引发电气火灾、爆炸、触电、雷击等事故，这些事故不仅会给陆上石油及天然气钻探企业造成人员伤亡、设备损毁和财产损失，也会造成恶劣的社会影响，同时也警示陆上石油及天然气钻探企业必须坚持系统观念，标本兼治强化电气作业安全生产工作。

本书结合陆上石油及天然气钻探企业井筒施工现场电气作业HSE管理现状，系统讲述了安全评价知识、评价方法等概念性质、规律特点，全面介绍了井筒施工现场电气作业危害因素辨识、危险影响评价、评价单元和评价模型创建等内容，并从电气设备安装、防火、防爆、防雷、静电防护、触电预防、运行监督和电气火灾及触电事故等方面提出电气作业风险控制技术和事故应急知识。全书方向性、实用性强，对于弥补井筒施工作业人员在电气作业安全评价和风险防控方面的知识空白和经验盲区，提升现场消除事故隐患、解决问题的能力，有效防范事故、保障安全生产，具有重要的理论和实践指导意义。

由于水平有限,书中难免存在不足之处,恳请读者批评指正。

2025 年 1 月
西安

目 录

CONTENT

第一章　绪论 ……………………………………………… **1**
　第一节　基本概念 …………………………………………… 1
　第二节　安全评价基础知识 ………………………………… 3
　第三节　常用安全评价方法 ………………………………… 6

第二章　电气安全评价技术 ……………………………… **18**
　第一节　井筒施工危害因素辨识 …………………………… 18
　第二节　危害影响评价 ……………………………………… 34
　第三节　评价单元划分 ……………………………………… 70
　第四节　建立评价模型 ……………………………………… 70

第三章　风险控制技术 …………………………………… **88**
　第一节　电气系统安装技术 ………………………………… 88
　第二节　电气设备防火技术 ………………………………… 100
　第三节　电气设备防爆技术 ………………………………… 104
　第四节　电气设备防雷技术 ………………………………… 106
　第五节　静电安全防护技术 ………………………………… 109
　第六节　触电伤害事故预防 ………………………………… 111
　第七节　电气设备运行监督 ………………………………… 114

第四章　电气作业事故应急……………………………… **117**
　　第一节　电气火灾应急处置　……………………………… 117
　　第二节　触电事故应急处置　……………………………… 119

参考文献……………………………………………………… **124**

第一章 绪 论

第一节 基本概念

一、安全和危险

安全和危险是一对互为存在前提的术语。

危险是指系统处于容易受到损害或伤害的状态。系统危险性由系统中的危险因素决定，危险因素与危险之间具有逻辑上的因果关系。

安全是指不会发生损失或伤害的一种状态，即所谓"无危则安、无损则全"。安全的实质是防止事故，消除导致死亡、伤害、急性职业危害及各种财产损失发生的条件。例如，在生产过程中，导致灾害性事故的原因有人的误判断、误操作、违章指挥或违章作业、设备缺陷、安全装置失效、防护器具故障、作业方法不当、作业环境不良、应急处置失误等，所有这些又涉及设计、施工、操作、维修、储存、运输及经营管理等方面，因此必须从系统的角度观察、分析，并采取综合方法消除危险，才能达到安全的目的。

二、事故

按照伯克霍夫的定义：事故是人（个人或集体）为实现某种意图而进行的活动过程中，突然发生的、违反人的意志的、迫使活动暂时或永久停止的事件。

意外事件的发生可能造成事故，也可能并未造成任何事故。对于没有造成死亡、伤害、职业病、财产损失或其他损失的事件可称之为"未遂事件"或"未遂过失"。

作为安全工程研究对象的事故，主要指那些可能带来人员伤亡、财产损失或环境污染的事故。因此，可以对事故做如下定义：

事故是在生产、生活活动过程中突然发生的、违反人们意志的、迫使活动暂时或永久停止、可能造成人员伤害、财产损失或环境污染的意外事件。

三、危险与风险

危险：是客观存在的，可能导致事故的现有的或潜在的根源或状态。

风险：是衡量危险性的指标，风险是某一有害事故发生的可能性与事故后果的组合。风险是可以按照人们的意志而改变的，不仅意味着不希望事件状态的存在，更意味着不希望有事件转化为事故的渠道和可能性，可将风险表达为事件发生概率及后果的函数：$R=f(P, L)$，其中 R 为风险，P 为事件发生概率，L 为事件发生后果。

四、系统和系统安全

系统是指由若干相互联系的、为了达到一定目标而具有独立功能的要素所构成的有机整体。对于生产系统而言，系统的构成主要包括人员、物资、设备、资金、任务指标和信息等。

系统安全是指在系统寿命周期内，应用安全系统工程的原理和方法，识别系统中的危险源，定性或定量表征其危险性，并采取控制措施使其危险性最小化，从而使系统在规定的性能、时间和成本范围内达到最佳的可接受安全程度。因此，在生产中为了确保系统安全，需要按照安全系统工程的方法，对系统进行深入分析和评价，及时发现系统中存在的或潜在的各类危险和危害，提出应采取的解决方案和途径。

五、安全系统工程

安全系统工程是以预测和预防事故为中心，以识别、分析、评价和控制系统风险为重点，开发、研究出来的安全理论和方法体系。它将工程和系统的安全问题作为一个整体，应用科学的方法对构成系统的各个因素进行全面的分析，判明各种状况下危险因素的特点及其可能导致的灾害性事故，通过定性和定量分析对系统的安全性作出预测和评价，将系统事故降到最低的可接受限度。危险辨识、风险评价、控制措施是安全系统工程的基本内容，其中危险辨识是风险评价和风险控制的基础。

六、安全评价

安全评价（也称风险评价或危险评价），是以实现工程和系统的安全为目的，应用安全系统工程的原理和方法，对工程、系统中存在的危险及有害因素进行识别与分析，判断工程和系统发生事故和职业病的可能性及其严重程度，提出安全对策及建议，从而为工程和系统制订防范措施及管理决策提供依据。

安全评价既需要安全评价理论支撑，又需要理论与实践相结合，两者缺一不可。

第二节 安全评价基础知识

一、安全评价的内容

安全评价是一个利用安全系统工程原理和方法，识别和评价系统及工程中存在的风险的过程，这一过程包括危险危害因素及重大危险源辨识、重大危险源危害后果分析、定性及定量评价、提出安全对策措施等内容。安全评价的基本内容如图1-1所示。

（一）危险危害因素及重大危险源辨识

根据被评价对象，识别和分析危险危害因素，确定危险危害因素的分布、存在的方式，事故发生的途径及其变化规律；按照《危险化学品重大危险源辨识》（GB 18218—2018）进行重大危险源辨识，确定重大危险源。

（二）重大危险源危害后果分析

选择合适的分析模型，对重大危险源的危害后果进行模拟分析，为制订安全对策措施和事故应急救援预案提供依据。

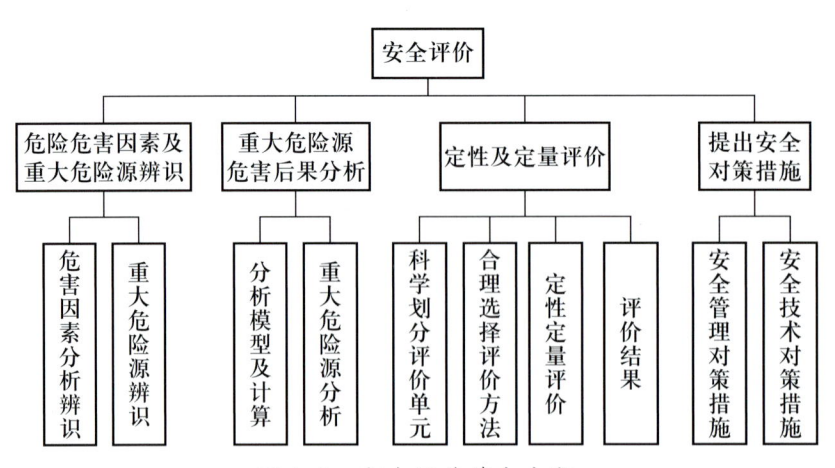

图 1-1 安全评价基本内容

（三）定性与定量评价

划分评价单元，选择合理的方法，对工程和系统中存在的事故隐患和发生事故的可能性和严重程度进行定性及定量评价。

（四）提出安全对策措施

提出消除或减少危害因素的技术和管理对策措施及建议。

二、安全评价的分类

通常根据工程和系统的生命周期和评价的目的，将安全评价分为安全预评价、安全验收评价、安全现状评价和安全专项评价四类。

（一）安全预评价

就是在项目建设前，应用安全评价的原理和方法对该项目的危险性、危害性进行预测性评价。安全预评价以拟建设项目作为评价对象，根据项目可行性研究报告内容，分析和预测该项目可能存在的危险及有害因素的种类和程度，提出合理可行的安全对策措施及建议。

（二）安全验收评价

就是在建设项目竣工验收之前、试生产运行正常之后，通过对建设项目的设施、设备、装置实际运行状况及管理状况的安全评价，查找该项目投产后存在的危险、有害因素，确定其影响程度，提出合理可行的安全对策措施及建议。

（三）安全现状评价

是针对系统及工程的安全现状进行的安全评价，通过评价找出其存在的危险、有害因素，确定其影响程度，提出合理可行的安全对策措施及建议。

（四）安全专项评价

是根据政府有关管理部门的要求，对专项安全问题进行的专题安全分析评价，一般是针对某一项活动或某一个场所，如一个特定的行业、产品、生产方式、生产工艺或生产装置等存在的危险及有害因素进行的安全评价，目的是查找其存在的危险、有害因素，确定其影响程度，提出合理可行的安全对策措施及建议。

三、安全评价的程序

安全评价的基本程序主要包括：准备，危险辨识，定性、定量评价、安全对策措施、结论及建议、编制报告，如图 1-2 所示。

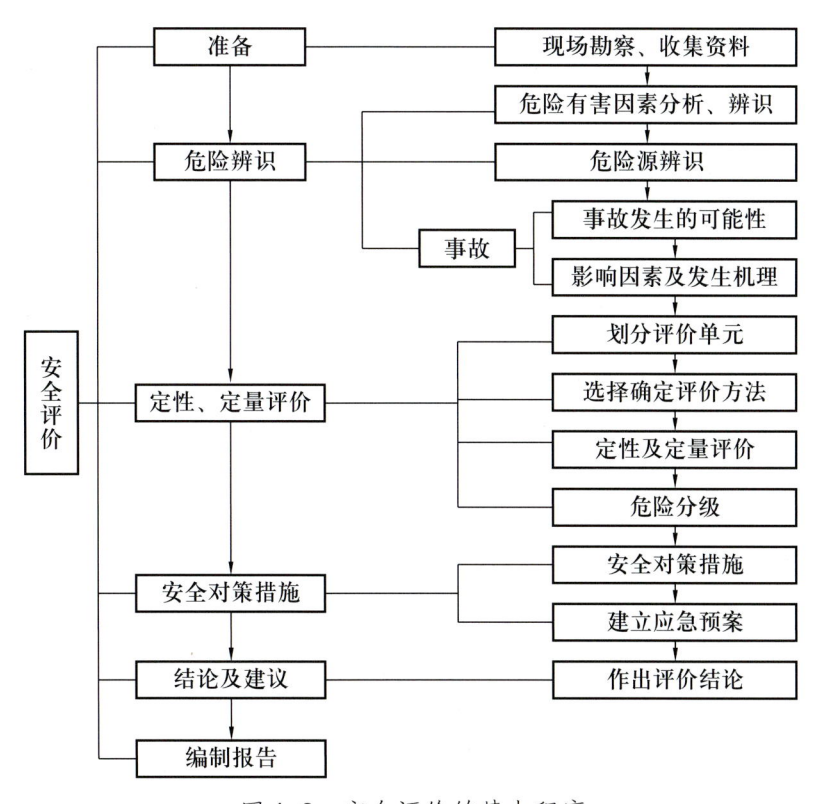

图 1-2　安全评价的基本程序

四、评价单元的划分

评价单元就是在危险、有害因素辨识与分析的基础上,根据评价目标和评价方法的需要,将系统分成有限的、确定范围的评价单元。将系统划分为不同类型的评价单元进行评价,不仅可以简化评价工作、减少评价工作量、避免遗漏,而且由于能够得出各评价单元危险性的比较概念,避免了以最危险单元的危险性表征整个系统的危险性,进而夸大整个系统危险性的可能。从而提高了评价的准确性,降低了采取对策措施所需的安全投入。常用的评价单元划分方法有以下两类,即:

(1)以危险、有害因素的类别为主划分评价单元。例如,将存在起重伤害、车辆伤害、高处坠落等危险因素的各个码头装卸区域作为一个评价单元。

(2)以装置和物质特征划分评价单元。例如,将根据以往事故资料,将发生事故时能导致停产、波及范围大、能造成巨大损失和伤害的关键设备作为一个评价单元。

第三节　常用安全评价方法

一、安全检查表分析法(SCA)

安全检查表分析法是依据相关的标准、规范,对工程和系统中已知的危险类别、设计缺陷,以及与一般工艺设备、操作、管理有关的潜在危险性和有害性进行判别检查的方法。评价过程中,为了查找工程和系统中各种设备、设施、物料、工件、操作,以及管理和组织实施中的危险和有害因素,事先把检查对象加以分类,将大系统分割成若干小的系统,以提问或打分的形式,将检查项目列表逐项检查。

(一)安全检查表的编制依据

(1)国家、地方的相关安全法规、规定、规程、规范和标准,行业、企业的规章制度、标准及企业安全生产操作规程。

(2)国内外行业、企业事故案例。

（3）行业及企业安全生产的经验，特别是本企业安全生产的实践经验，引发事故的各种潜在不安全因素及成功杜绝或减少事故发生的成功经验。

（4）系统安全分析结果，即为防止重大事故的发生而采用事故树分析方法，对系统进行分析得出能导致引发事故的各种不安全因素的基本事件，作为防止事故控制点源列入检查表。

（二）安全检查表的编制步骤

（1）熟悉系统：包括系统的结构、功能、工艺流程、主要设备、操作条件、布置和已有的安全消防设施。

（2）搜集资料：搜集有关的安全法规、标准、制度及本系统过去发生过事故的资料，作为编制安全检查表的重要依据。

（3）划分单元：按功能或结构将系统划分成若干个子系统或单元，逐个分析潜在的危险因素。

（4）编制检查表：针对危险因素，依据有关法规、标准规定，参考过去事故的教训和本单位的经验确定安全检查表的检查要点、内容和为达到安全指标应在设计中采取的措施，然后按照一定的要求编制检查表。

（5）编制复查表：其内容应包括危险、有害因素明细，是否落实了相应设计的对策措施，能否达到预期的安全指标要求，遗留问题及解决办法和复查人等。

二、故障假设分析法（What…If，WI）

故障假设分析法是一种对系统工艺过程或操作过程的创造性分析方法，要求评价人员用"What…If"开头，对任何与工艺安全有关的问题都记录下来，然后分门别类进行讨论，找出危险、可能产生的后果、已有安全保护装置和措施、可能的解决方法等，以便采取对应的措施。

故障假设分析法由三个步骤组成，即分析准备、完成分析、编制结果文件。评价结果一般以表格的形式显示，主要内容包括提出的问题，回答可能的后果，降低或消除危险性的安全措施。

三、故障假设分析/检查表分析法（WI/CA）

故障假设分析/检查表分析法是将故障假设分析法与安全检查表法组合而成的一种分析方法，可用于工艺项目的任何阶段，一般主要对过程中的危险进行初步分析，然后可用其他方法进行更详细的评价。故障假设分析/检查表分析法分析步骤主要包括：

（1）分析准备。

（2）构建一系列的故障假定问题和项目。

（3）使用安全检查表进行补充。

（4）分析每一个问题和项目。

（5）编制分析结果文件。

四、预先危险分析法（PHA）

预先危险分析法又称初步危险分析，用于对危险物质和装置的主要区域进行分析，包括在设计、施工和生产前，对系统中存在的危险性类别、出现条件、事故导致的后果进行分析，其目的是识别系统中潜在的危险，确定其危险等级，防止发生事故。通常用在对潜在的危险了解较少和无法凭经验察觉的工艺项目的初期阶段。

（一）预先危险分析步骤

（1）通过经验判断、技术诊断或其他方法调查确定危险源（即危险因素存在于哪个子系统中），对所需分析系统的生产目的、物料、装置及设备、工艺过程、操作条件和周围环境等，进行充分详细的了解。

（2）根据过去的经验教训及同类行业生产中发生的事故或灾害情况，对系统的影响、损坏程度，类比判断所要分析的系统中可能出现的情况，查找能够造成系统故障、物质损失和人员伤害的危险性，分析事故或灾害的可能类型。

（3）对确定的危险源分类，制成预先危险性分析表。

转化条件，即研究危险因素转变为危险状态的触发条件和危险状态转变为事故（或灾害）的必要条件，并进一步寻求对策措施，检验对策措施的有效性。

（4）进行危险性分级，排列出重点和轻、重、缓、急次序，以便处理。

（5）制订事故或灾害的预防性对策措施。

（二）预先危险性分析的等级划分

为了评判危险、有害因素的危害等级及它们对系统破坏性的影响大小，预先危险性分析法给出了各类危险性的划分标准。该法将危险性划分为4个等级：

（1）Ⅰ级：安全的，不会造成人员伤亡及系统损坏。

（2）Ⅱ级：临界的，处于事故的边缘状态，暂时还不至于造成人员伤亡。

（3）Ⅲ级：危险的，会造成人员伤亡和系统损坏，要立即采取防范措施。

（4）Ⅳ级：灾难性的，造成人员重大伤亡及系统严重破坏的灾难性事故，必须予以果断排除并进行重点防范。

五、危险和可操作性研究（HAZOP）

危险和可操作性研究是以系统工程为基础的一种定性的安全评价方法，基本过程是以引导词为引导，找出过程中工艺状态的变化（即偏差），然后分析偏差产生的原因、后果及可采取的措施。其本质就是通过会议对系统工艺流程图和操作规程进行分析，由各种专业人员按照规定的方法对偏离设计的工艺条件进行过程危险和可操作性研究。

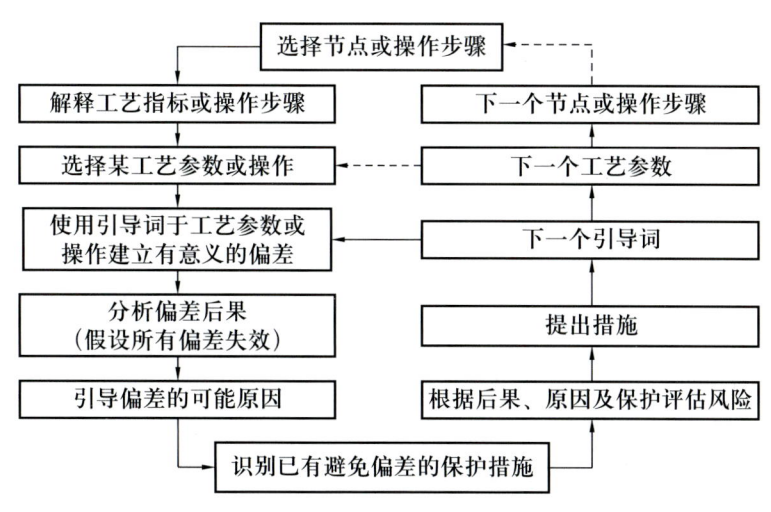

危险和可操作性研究分析评价流程（图1-3）：

图1-3 危险和可操作性研究分析评价流程图

六、故障类型和影响分析（FMEA）

故障类型和影响分析是系统安全工程的一种方法，根据系统可以划分为子系统、设备和元件的特点，按实际需要将系统进行分割，然后分析各自可能发生的故障类型及其产生的影响，以便采取相应的对策，提高系统的安全可靠性。

故障类型和影响分析程序及主要步骤包括：

（1）确定FMEA的分析项目、边界条件（包括确定装置和系统的分析主题、其他过程和公共/支持系统的界面）。

（2）标识设备：设备的标识符是唯一的，与设备图纸、过程或位置有关。

（3）说明设备：包括设备的型号、位置、操作要求及影响失效模式和后果、特征（如高温、高压、腐蚀）。

（4）分析故障模式：相对设备的正常操作条件，考虑如果改变设备的正常操作条件后所有可能导致的故障情况。

（5）说明对发现的每个失效模式本身所在设备的直接后果及对其他设备可能产生的后果，以及现有安全控制措施。

（6）进行风险评价。

（7）建议控制措施。

七、故障树分析法（FTA）

故障树分析法又称事故树分析法，是一种描述事故因果关系的有方向的"树"。通常以系统可能发生或已经发生的事故（称为顶事件）作为分析起点，将导致事故发生的原因事件按因果逻辑关系逐层列出，用树形图表示出来，构成一种逻辑模型，然后定性或定量地分析事件发生的各种途径及发生的概率，找出避免事故发生的各种方案并选出最佳安全对策。

故障树分析评价程序及步骤主要包括：

（1）熟悉系统：要详细了解系统状态及各种参数，绘出工艺流程图或布置图。

（2）调查事故：收集事故案例，进行事故统计，设想给定系统可能发生的事故。

（3）确定顶上事件：要分析的对象即为顶上事件。对所调查的事故进行全面分析，从中找出后果严重且较易发生的事故作为顶上事件。

（4）确定目标值：根据经验教训和事故案例，经统计分析后，求解事故发生的概率（频率），以此作为要控制事故的目标值。

（5）调查原因事件：调查与事故有关的所有原因事件和各种因素。

（6）画出故障树：从顶上事件起，逐级找出直接原因的事件，直至所要分析的深度，按其逻辑关系，画出故障树。

（7）分析：按故障树结构进行简化，确定各基本事件的结构重要度。

（8）事故发生概率：确定所有事故发生概率，标在故障树上，并进而求出顶上事件（事故）的发生概率。

（9）比较：比较可分维修系统和不可维修系统进行讨论，前者要进行对比，后者求出顶上事件发生概率即可。

八、事件树分析法（ETA）

事件树分析法是用来分析普遍设备故障或过程被动（称为初始时间）导致事故发生的可能性的方法。它与事故树分析法刚好相反，是一种从原因到结果的自下而上的分析方法。评价中首先从一个初始时间开始，交替考虑成功与失败的两种可能性，然后再以这两种可能性作为新的初始时间，如此进行下去，直至找到最后结果。

事件树的编制程序和步骤主要包括：

（1）确定初始事件，初始事件是事故在未发生时，其发展过程中的危害事件或危险事件，如机器故障、设备损坏、能量外逸或失控、人的误动作等。

（2）判定安全功能，系统中包含许多安全功能，在初始事件发生时消除或减轻其影响以维持系统的安全运行。常见的安全功能主要有：对初始事件自动采取控制措施的系统，如自动停车系统等；提醒操作者初始事件发生了的报警系统；根据报警或工作程序要求操作者采取的措施；缓冲装置，如减振、压力泄放系统或排放系统等；局限或屏蔽措施等。

（3）绘制事件树，从初始事件开始，按事件发展过程自左向右绘制事件树，用树枝代表事件发展途径。首先考察初始事件一旦发生时最先起作用的安全功能，把可以发挥功能的状态画在上面的分枝，不能发挥功能的状态画在下面的分枝。然后依次考察各种安全功能的两种可能状态，把发挥功能的状态（又称成功状态）画在上面的分枝，把不能发挥功能的状态（又称失败状态）画在下面的分枝，直至到达系统故障或事故为止。

（4）简化事件树，在绘制事件树的过程中，可能会遇到一些与初始事件或与事故无关的安全功能，或者其功能关系相互矛盾、不协调的情况，需用工程知识和系统设计的知识予以辨别，然后从树枝中去掉，即构成简化的事件树。

（5）事件树的定性分析，在绘制事件树的过程中，根据事件的客观条件和事件的特征作出符合科学性的逻辑推理，找出导致事故的途径（即事故连锁）和预防事故的途径。

（6）事件树的定量分析，是指根据每一事件的发生概率，计算各种途径的事故发生概率，比较各个途径概率值的大小，做出事故发生可能性序列，确定最易发生事故的途径，为设计事故预防方案、制订事故预防措施提供有力的依据。

九、人员可靠性分析法（HRA）

人员可靠性分析法主要研究人员行为的内在和外在影响因素，通过识别和改进行为成因要素，从而减少人为失误的机会，常用分析方法主要有：

（一）人的失误率预测技术（THERP）

THERP 模式主要基于人员可靠性事件树模型，将人员事件中涉及的人员行为按事件发展过程进行分析，并在事件树中确定失效途径后进行定量计算。人员可靠性事件树描述人员进行操作过程一系列操作事件序列，按时间为序，以两态分支扩展，其每一次分叉表示该系统处理任务过程的必要操作，有成功和失败两种可能途径。因而某作业过程中的人员可靠性事件树，便可描述出该作业过程中一切可能出现的人员失误模式及其后果。对树的每个分枝赋予其发生的概率，则可最终导出作业成功或失败的概率。

（二）人的认知可靠性模型（HCR）

HCR 是用来量化作业班组未能在有限时间内完成动作概率的一种模式。它基于将系统中所有人员动作的行为类型，依据其是否为例行工作规程和培训程度等情况，分为技能型、规则型和知识型三种进行量化评价分析。

（三）THERP+HCR 模型

复杂人—机系统中人的行为均包括感知、诊断和操作 3 个阶段。若只用 THERP 法分析评价，则可能使人员事件中事实存在的诊断太粗糙；若只用 HCR 法分析评价，对具体操作又不如 THERP 法可反映出各类操作的不同失误特征。因此较好的方法是 THERP 与 HCR 相结合。在诊断阶段，用 HCR 法对该阶段可能的人员响应失效概率进行评价，而对感知阶段和操作阶段中可能的失误用 THERP 法评价，两者相互补充，共同构成一个有机整体。

人员可靠性分析法大多数情况下往往在其他安全评价方法（HAZOP/FMEA/FTA）之后使用，识别出具体的、有严重后果的人为失误。

十、作业条件危险性分析法（LEC）

作业条件危险性分析法是用与系统风险率有关的三种因素的乘积来评价系统人员伤亡风险大小的。用公式表示为：

$$D = L \cdot E \cdot C$$

式中：

D——作业条件的危险性（D 值越大表明危险性越大）；

L——事故或危险事件发生的可能性；

E——暴露于危险环境的频率；

C——发生事故或危险事件的可能结果。

$L/E/C$ 具体评价取值及风险度 D 分级，可参考表 1-1 至表 1-4。

表 1-1 事故或危险事件发生的可能性（L）取值参考表

分值	事故发生的可能性	应用举例
10	完全可以预料到（每周1次以上）	酒后驾驶引发交通事故
6	相当可能（每6个月1次）	违反十不吊造成吊装伤害事故
3	可能但不经常（每3年1次）	靠近井场高压线引发触电事故
1	可能性小，完全意外（每10年1次）	误操作造成上顶下砸事故
0.5	很不可能，可以设想（每20年1次）	由于基础下陷造成井架倾倒
0.2	极不可能（只是理论上的事件）	野外作业人员遭受陨石坠落伤害事件
0.1	实际不可能	

表 1-2 暴露于危险环境的频率（E）取值参考表

分值	人员暴露于危险环境的频繁程度	应用举例
10	连续（每天2次以上）暴露	接单根作业
6	频繁（每天1次）暴露	设备正常保养
3	每周一次，或偶然暴露	维修钻井泵作业
2	每月一次暴露	检修电路作业
1	每年几次暴露	起放井架作业
0.5	非常罕见的暴露	野外作业中遇毒蛇或猛兽

表 1-3 发生事故可能造成的后果（C）取值参考表

分值	财产损失（万元）	发生事故可能造成的后果	应用举例
100	≥1000	许多人死亡	高含硫井施工井控设备失效
40	300≤损失<1000	数人死亡	有限空间作业
15	100≤损失<300	1人死亡	二层台作业不系安全带
7	10≤损失<100	重伤	清洁设备旋转部位附件
3	1≤损失<10	轻伤	用手扶吊装绳套
1	<1	轻微伤害	进入作业现场不戴护目镜

表1-4 危险性（D）分级对照表

风险级别	D值	危险程度	是否需要继续分析
一级	≥320	极其危险，不能继续作业	需进一步分析
二级	160≤D＜320	高度危险，需要立即整改	
三级	70≤D＜160	显著危险，需要整改	可进一步分析
四级	20≤D＜70	一般危险，需要注意	不需要进一步分析
五级	＜20	稍有危险，可以接受	

十一、风险矩阵法（LS）

风险矩阵法是利用辨识出每个作业单元可能存在的危害，并判定这种危害可能产生的后果及产生这种后果的可能性，两者相乘，得出所确定危害的风险。用公式表示为：

$$R = L \cdot S$$

式中：

R——风险值；

L——发生伤害的可能性；

S——发生伤害后果的严重程度。

从偏差发生频率、安全检查、操作规程、员工胜任程度、控制措施五个方面对危害事件发生的可能性（L）进行评价取值，取五项得分的最高分值作为其最终的L值，见表1-5。

表1-5 可能性（L）赋值对照表

赋值	偏差发生频率	安全检查	操作规程	员工胜任程度（意识、技能、经验）	控制措施（监控、联锁、报警、应急措施）
5	每次作业或每月发生	无检查（作业）标准或不按标准检查（作业）	无操作规程或从不执行操作规程	不胜任（无上岗资格证、无任何培训、无操作技能）	无任何监控措施或有措施从未投用；无应急措施
4	每季度都有发生	检查（作业）标准不全或很少按标准检查（作业）	操作规程不全或很少执行操作规程	不够胜任（有上岗资格证，但没有接受有效培训、操作技能差）	有监控措施但不能满足控制要求，措施部分投用或有时投用；有应急措施但不完善或没演练

续表

赋值	偏差发生频率	安全检查	操作规程	员工胜任程度（意识、技能、经验）	控制措施（监控、联锁、报警、应急措施）
3	每年都有发生	发生变更后检查（作业）标准未及时修订或多数时候不按标准检查（作业）	发生变更后未及时修订操作规程或多数操作不执行操作规程	一般胜任（有上岗资格证、接受培训，但经验、技能不足，曾多次出错）	监控措施能满足控制要求，但经常被停用或发生变更后不能及时恢复；有应急措施但未根据变更及时修订或作业人员不清楚
2	每年都有发生或曾经发生过	标准完善但偶尔不按标准检查、作业	操作规程齐全但偶尔不执行	胜任（有上岗资格证、接受有效培训经验、技能较好，但偶尔出错）	监控措施能满足控制要求，但供电、联锁偶尔失电或误动作；有应急措施但每年只演练一次
1	从未发生过	标准完善、按标准进行检查、作业	操作规程齐全，严格执行并有记录	高度胜任（有上岗资格证、接受有效培训、经验丰富，技能、安全意识强）	监控措施能满足控制要求，供电、联锁从未失电或误动作；有应急措施每年至少演练两次

从人员伤亡情况、财产损失、设备设施损坏、法律法规符合性、环境破坏和对企业声誉损坏五个方面对后果的严重程度（S）进行评价取值，取五项得分最高的分值作为其最终的 S 值，见表1-6。

表1-6　严重程度（S）赋值对照表

等级	人员伤亡情况	财产损失、设备设施损坏	法律法规符合性	环境破坏	对企业声誉影响
1	一般无损伤	一次事故直接经济损失在5000元以下	完全符合	基本无影响	本岗位或作业点
2	1~2人轻伤	一次事故直接经济损失在5000元及以上	不符合公司规章制度要求	设备、设施周围受影响	没有造成公众影响
3	造成1~2人重伤，3~6人轻伤	一次事故直接经济损失在1万元及以上，10万元以下	不符合事业部程序要求	作业点范围内受影响	引起省级媒体报道，一定范围内造成公众影响
4	1~2人死亡，3~6人重伤或严重职业病	一次事故直接经济损失在10万元及以上，100万元以下	潜在不符合法律法规要求	造成作业区域内环境破坏	引起国家主流媒体报道
5	3人及以上死亡，7人及以上重伤	一次事故直接经济损失在100万元以上	违法	造成周边环境破坏	引起国际主流媒体报道

确定了 S 值和 L 值后，根据 $R=L \cdot S$ 计算出风险度 R 的值，见表 1-7。

表 1-7 风险度（R）分级对照表

可能性 L	严重性 S				
	1	2	3	4	5
1	1	2	3	4	5
2	2	4	6	8	10
3	3	6	9	12	15
4	4	8	12	16	20
5	5	10	15	20	25

根据 R 值的大小将风险级别分为以下四级：

（1）$R=L \cdot S=17\sim25$：A 级，需要立即暂停作业。

（2）$R=L \cdot S=13\sim16$：B 级，需要采取控制措施。

（3）$R=L \cdot S=8\sim12$：C 级，需要有限度管控。

（4）$R=L \cdot S=1\sim7$：D 级，需要跟踪监控或者风险可容许。

第二章　电气安全评价技术

第一节　井筒施工危害因素辨识

一、辨识范围

石油及天然气钻井、试修井场。

二、参考标准

GB 13955—1992　漏电保护器安装和运行

GB 15599—2009　石油与石油设施雷电安全规范

GB/T 13869—2017　用电安全导则

GB/T 23507.1—2017　石油钻机用电气设备规范　第1部分：主电动机

GB/T 23507.2—2017　石油钻机用电气设备规范　第2部分：控制系统

GB/T 23507.3—2017　石油钻机用电气设备规范　第3部分：电动钻机用柴油发电机组

GB/T 23507.4—2017　石油钻机用电气设备规范　第4部分：辅助用电设备及井场电路

SY/T 5225—2019　石油天然气钻井、开发、储运、防火防爆安全生产管理规定

SY/T 7386—2011　钻修井井场雷电防护规范

SY/T 6202—2013　钻井井场油、水、电及供暖系统安装技术要求

SY/T 5974—2020　钻井井场设备作业安全技术规程

SY/T 5225—2019　石油天然气钻井、开发、储运防火防爆安全生产技术规程

SY/T 23505—2017　　石油钻井合理利用网电技术导则
Q/SY 02634—2019　　井场电气检验技术规范

三、评价方法

采取安全专家经验法。

四、井筒施工电气作业安全危害因素辨识

电气作业安全危害因素辨识清单见表 2-1。

表 2-1　电气作业安全危害因素辨识清单

序号	危害分布	危害因素
1	井电布置	高压线跨越井场、驻地，或与设备安全距离不足
2		发电房距离井口小于 30m，距离油罐小于 20m
3		架空电缆未使用钢丝绳支撑
4		井场输电线路跨越油罐、柴油机排气管、放喷管线出口
5	发电房、气源房	发电房未使用木质地板，或金属地板未铺设绝缘胶皮
6		发电房室内外杂物、油污未及时清理
7		发电房室内使用非防爆灯具、控制开关
8		发电机外壳未接地或接地电阻大于 4Ω
9		发电机外壳未与井场总等电位联结电缆联结
10		防爆分线盒电缆引入装置未装压帽
11		照明灯具、开关外壳破损，电缆引入松动
12		除充电机外，未经电控房直接从发电房取电
13		控制开关壳体破损，或者接线头处无护盖
14		控制柜未与井场总等电位联结电缆联结
15		发电机漏油
16	VFD（MCC）房	室内温度、气味异常
17		地板绝缘垫破损
18		控制柜开关标识缺失
19		总电位联结电缆未有效联结

续表

序号	危害分布	危害因素
20	VFD（MCC）房	出线柜电缆插头松动或发热
21		MCC 房总柜内未配置电力避雷器
22		井控房、电磁刹车和场地照明等用电设备，未在电控房内 MCC 总开关前端分设控制开关，单独取电
23	输电电缆	电缆绝缘老化、破损（裸露）
24		电缆接头裸露或绝缘失效
25		防爆区域电缆存在中间接头，或未做绝缘处理
26		电缆从电气设备接线盒外部割断联结
27		电缆选型、规格与电气设备参数不匹配
28		临时用电电路未经过漏电保护器控制供电
29	防爆照明灯具	开关、镇流器不防爆
30	防爆照明灯具	防爆面密封失效
31		壳体破损，密封失效
32		电缆入口密封失效
33		电缆绝缘失效（中间接头或裸露）
34	振动筛控制箱	电缆引入方式错误（未使用金属穿管式）
35	磁力启动器	隔爆腔盖螺栓未上齐，密封失效
36		接线腔电缆引入两根电缆，密封失效
37	防爆按钮开关	电缆引入装置压帽未压紧
38	防爆电动机	隔爆接线盒盖螺栓不齐，防爆失效
39		隔爆接触面严重锈蚀
40		接线盒隔爆面锈蚀严重
41		电缆引入未使用防爆挠性管或挠性管损坏
42	钻井液罐隔爆箱	防爆插座未使用时未盖上防爆盖
43		电缆引入装置密封处密封失效
44		未引入电缆时未将垫圈换成盲板

续表

序号	危害分布	危害因素
45	钻井液罐隔爆箱	箱体、箱盖锈蚀，防爆性能降低或失效
46		防爆插头与电缆固定不可靠
47	远控房磁力启动器接线盒及开关	单个电缆引入装置引入多根电缆
48		电缆外径与引入装置密封圈内径不一致
49		电缆引入装置压帽未压紧
50		备用电缆引入装置未安装盲板、堵柱
51		备用电缆引入装置塑料压帽未更换为金属压帽
52	油罐、机泵房	单个电缆引入装置引入多根电缆
53		防爆白炽灯无电缆引入装置
54		电缆中间接头未采取绝缘、防潮措施
55		磁力启动器压帽未压紧
56		电缆外径与电缆引入装置密封圈不匹配
57		水泵电机电缆采取穿管式，电缆绝缘护套损坏
58		未采取防雷接地的贮油罐，防静电接地少于2处，或接地电阻大于100Ω
59	水罐	水泵、控制箱、控制开关无防水措施
60		电缆裸露或中间接头未做防水处理
61	钻台及底座	电缆存在中间接头，或未做绝缘处理
62		使用非防爆电机、照明灯、控制柜及控制开关
63		电气设备电缆引入装置密封失效
64	钻台液压泵站配电箱	使用非防爆电气控制箱
65		控制箱电缆引入装置密封失效
66	电磁刹车	直流冷风机使用非防爆电机
67		防爆电机接线盒密封失效
68		防爆电机电缆引入装置密封失效
69		使用非防爆信号灯

续表

序号	危害分布	危害因素
70	电磁刹车	防爆灯电缆引入装置密封失效
71		防爆灯灯罩密封失效
72	钻井参数仪	钻井参数采集箱使用非防爆插接件
73		变送器电缆采用了中间接头未进行防爆处理
74		二层台工业监控电视电缆敷设在井架笼梯外侧
75	综合录井仪	接头箱上插件不防爆
76	数码防碰装置	数字化高度仪面板不防爆，或铭牌上标识不全
77	井场等电位联结	接地线桩埋入地下，不便检测
78		等电位接线桩设置在安全通道处
79		MCC房多根等电位电缆接在一个接地螺栓上
80		电气设备等电位联结未接通
81		在PE回路上安装保护电器或开关
82		发电房、VFD房、MCC房、顶驱房、综合录井房、会议室等需要预防直击雷损害的重要金属构建，未在房体对角线处同时与总等电位联结母线进行两处联结
83		等电位联结母线未在井场后场、VFD房、顶驱房录井房处重复接地，或者接地电阻大于4Ω
84	电动工具	电焊机接线柱、极板、接线端防护罩缺失、破损
85		电焊钳手柄绝缘失效
86		电焊机机壳未接地（接零），或接线桩松动
87		电焊机接地线中间有电缆接头
88		电焊面罩破损或未正确使用
89		电焊机空载自动断电保护装置失效或未安装
90		焊接电缆表皮破损
91		使用金属构件、管道等代替焊接电缆使用
92		电动工具外壳破损或接地不良
93		电动工具控制开关破损

续表

序号	危害分布	危害因素
94	电动工具	剥线钳、电工刀等手工具柄部绝缘破损
95		多台电动工具使用一个控制开关
96	生活驻地及野营房	驻地未设置配电箱，或配电箱外壳无防水、防尘、防腐措施
97		野营房未与生活营地等电位电缆联结
98		营房未正确安装进户漏电保护开关
99		入户电缆航空插头松动，或压盖未旋紧
100		未使用的航空插头母端未旋紧压盖
101		开关、插线板、插座等壳体破损
102		电气接线头裸露
103		电脑、打印机等办公电脑未连接到防雷插座上
104		入户电缆未采取穿管保护
105		使用铁、铜、铝丝代替控制开关的保险丝
106	厨房、淋浴房、洗衣房	照明灯、开关盒未采取防水措施
107		插座、电缆浸泡在水中
108		洗衣机、压面机、烤箱等电器设备未接地

五、电气安全常见危害描述

（1）高压线跨越井场，可能在吊装设备时发生触电事故；架空电缆未使用钢索支撑，可能造成电缆拉断或损坏，引发设备故障或触电伤害，如图 2-1 和图 2-2 所示。

图 2-1　高压线跨越井场　　　　图 2-2　架空电缆未使用钢索支撑

（2）发电房距离井口不足 30m，距离油罐不足 20m，可能引发油气火灾或可燃气体闪爆，如图 2-3 和图 2-4 所示。

图 2-3　发电房距离井口不足 30m

图 2-4　发电房距离油罐不足 20m

（3）发电房、配电柜前未铺设绝缘胶皮，可能引发触电伤害事故，如图 2-5 和图 2-6 所示。

图 2-5　配电柜前未铺设绝缘胶皮

图 2-6　发电房未铺设绝缘胶皮

（4）发电房电瓶未铺设绝缘胶皮，可能造成触电伤害，如图 2-7 所示。

图 2-7　电瓶未铺设绝缘胶皮

（5）发电机、油罐漏油，地面油污未及时清理，可能因电路故障引发火灾，如图 2-8 和图 2-9 所示。

图 2-8　地面油污未及时清理　　　图 2-9　油罐底部漏油

（6）发电房未与井场总等电位联结，或接线桩锈蚀、松动，接触不良，可能引发触电伤害事故，如图 2-10 和图 2-11 所示。

图 2-10　发电房接线桩断开　　　图 2-11　发电房接线桩锈蚀、松动

（7）发电机外壳接地线未连接，接地电阻大于 4Ω，可能因漏电引发触电伤害事故，如图 2-12 和图 2-13 所示。

图 2-12　发电机外壳接地线未连接　　　图 2-13　接地电阻大于 4Ω

（8）发电房出线端口无防雨水措施，母线接线排未做绝缘防护处理，可能引发触电伤害，如图2-14和图2-15所示。

图2-14　发电房出线端口无防雨水措施 　　　图2-15　母线接线排未做绝缘防护处理

（9）发电房内开关、插座等电路不满足防爆要求，可能引发电气火灾，如图2-16和图2-17所示。

图2-16　开关不防爆 　　　图2-17　防爆开关破损

（10）防爆分线盒电缆引入装置未装压帽，或接线盒护盖螺栓未上紧，可能导致密封失效，引发可燃气体闪爆，如图2-18和图2-19所示。

图2-18　防爆分线盒电缆引入装置未装压帽 　　　图2-19　接线盒护盖螺栓未上紧

（11）VFD房总电位联结电缆未连接，可能造成触电事故，如图2-20所示。

图2-20　总电位联结电缆未接地

（12）VFD房出线箱电缆接线未压接线鼻子，PE线与零线N接反，可能引发触电伤害，如图2-21和图2-22所示。

图2-21　电缆接线未压接线鼻子 　　　　图2-22　PE线与零线N接反

（13）VFD房内开关标识不全、混乱，可能造成误挂合，如图2-23和图2-24所示。

图2-23　开关标识不全 　　　　图2-24　开关标识混乱

（14）VFD房配电柜内灰尘多，影响散热；电源进线端的母排前面透明绝缘板缺失，可能引发触电伤害，如图2-25和图2-26所示。

图2-25　配电柜内灰尘多　　　　图2-26　电源进线端绝缘板缺失

（15）VFD房、野营房内应急灯损坏，烟雾报警器缺失或损坏，可能影响电器火灾的报警和快速救援，如图2-27和图2-28所示。

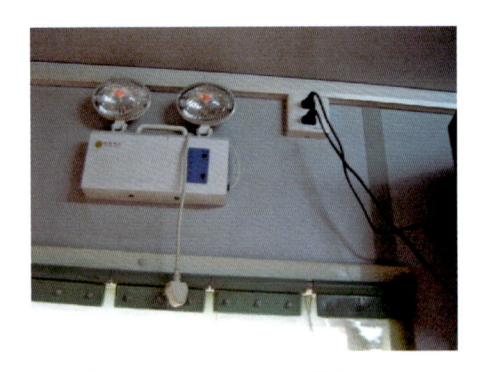

图2-27　应急灯损坏　　　　图2-28　应急灯电源被占用

（16）电缆绝缘老化、破损（裸露），可能引发触电或电气火灾事故，如图2-29和图2-30所示。

图2-29　电缆绝缘老化　　　　图2-30　电缆绝缘破损（裸露）

（17）电缆中间接头未错位连接，可能因局部温度过高烧坏绝缘层，引发触电或电路火灾事故，如图2-31和图2-32所示。

图2-31　电缆中间接头未错位连接　　　　图2-32　接线头未错位连接

（18）输电电缆接头裸露或绝缘层失效，防爆区域未采用防爆接线盒连接，可能引发触电伤害事故，如图2-33和图2-34所示。

图2-33　电缆接头裸露或绝缘层失效　　　图2-34　防爆区域未采用防爆接线盒连接

（19）电缆选型与控制开关/插座和电气设备不匹配，可能造成电气火灾，如图2-35和图2-36所示。

图2-35　电缆选型与控制开关不匹配　　　图2-36　电缆选型与电气设备不匹配

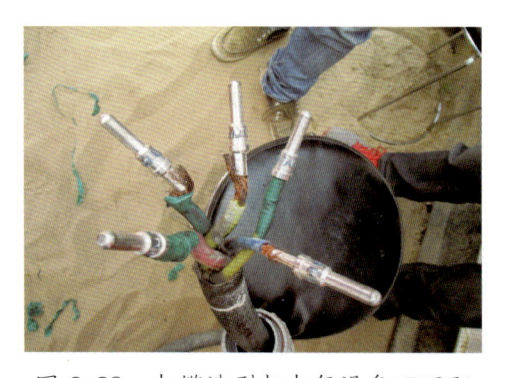

（20）井场输电线路跨越油罐、柴油机排气管、放喷管线出口，可能导致输电线路着火，或者引发可燃气体闪爆，如图2-37和图2-38所示。

图2-37　井场输电线路跨越油罐 　　　　图2-38　井场输电线路跨越柴油机排气管

（21）防爆照明灯具防爆面密封失效、壳体破损、电缆入口密封失效，可能引发触电，或者引发可燃气体闪爆，如图2-39和图2-40所示。

图2-39　防爆照明灯具防爆面密封失效 　　　　图2-40　电缆入口密封失效

（22）振动筛控制箱电缆引入方式错误（未使用金属穿管），可能引发可燃气体闪爆，如图2-41和图2-42所示。

图2-41　振动筛控制箱电缆不密封 　　　　图2-42　未使用金属穿管

（23）防爆电动机隔爆接线盒盖螺栓不齐，隔爆箱进线密封护套缺失，可能引发可燃气体闪爆，如图 2-43 和图 2-44 所示。

图 2-43　隔爆接线盒盖螺栓不齐

图 2-44　隔爆箱进线密封护套缺失

（24）磁力启动器隔爆腔盖螺栓未上齐，接线腔引入两根电缆，电缆引入装置压帽未压紧，导致密封失效，可能引发可燃气体闪爆，如图 2-45 和图 2-46 所示。

图 2-45　接线腔引入两根电缆

图 2-46　电缆引入装置压帽未压紧

（25）循环罐面及容易造成腐蚀和机械损伤的电气设备进线电缆线未使用防爆挠性管、挠性管损坏，可能造成电缆绝缘层损坏，引发可燃气体闪爆，如图 2-47 和图 4-28 所示。

图 2-47　电缆线未使用防爆挠性管

图 2-48　挠性管损坏

（26）防爆区域备用接线口未封堵，电缆连接或分接线未用防爆分线盒，防爆失效，可能引发可燃气体闪爆，如图 2-49 和图 2-50 所示。

图 2-49　备用接线口未封堵　　图 2-50　电缆连接或分接线未用防爆分线盒

（27）水罐区电缆绝缘护套损坏、电缆裸露，或者电缆中间接头未做防水处理，可能引发触电伤害事故，如图 2-51 和图 2-52 所示。

图 2-51　电缆绝缘护套损坏　　图 2-52　电缆中间接头未做防水处理

（28）钻台、底座、循环罐等防爆区域使用非防爆电机、照明灯、空调机、控制柜、控制开关及插座等，可能引发可燃气体闪爆，如图 2-53 和图 2-54 所示。

图 2-53　使用非防爆灯泡　　图 2-54　使用非防爆开关

（29）电焊机接线柱、极板、接线端防护罩缺失、破损，电焊钳手柄绝缘失效，电缆线保护层损坏或接线头裸露，可能引发触电伤害事故，如图 2-55 和图 2-56 所示。

图 2-55　电焊机接线柱破损

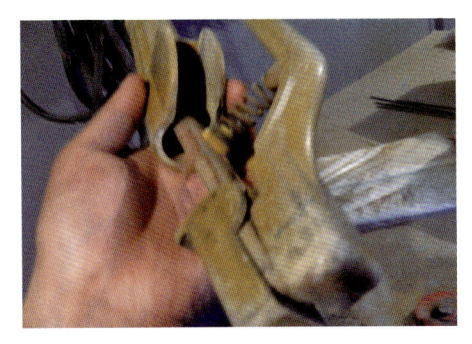

图 2-56　电焊钳手柄绝缘失效

（30）电焊面罩破损或未正确使用，电动工具外壳破损，接线桩损坏，可能引发触电伤害事故，如图 2-57 和图 2-58 所示。

图 2-57　电焊面罩破损

图 2-58　电焊作业不适用防护设备

（31）野营房、工库房进线未采取穿管保护，可能造成电缆绝缘层磨损；营房内电热板温度控制器损坏，可能造成电气火灾，如图 2-59 和图 2-60 所示。

图 2-59　进线未采取穿管保护

图 2-60　电热板温度控制器损坏

（32）食堂、野营房线路零乱，营房配电盒内未安装漏电保护器，或者漏电保护器接线错误，可能引发触电事故或电气火灾事故，如图2-61和图2-62所示。

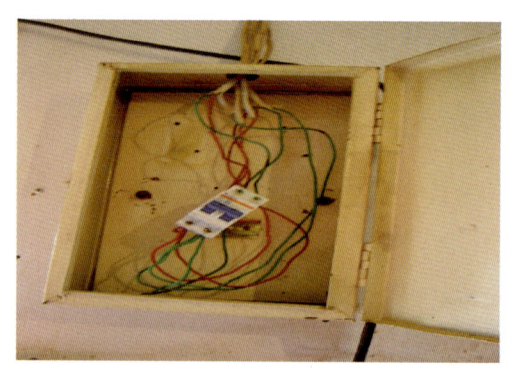

图2-61　野营房线路零乱　　　　图2-62　配电盒内未安装漏电保护器

（33）电缆浸泡在水中、配电柜柜底无基座，可能引发触电伤害事故，如图2-63和图2-64所示。

图2-63　电缆浸泡在水中　　　　图2-64　配电柜柜底无基座

第二节　危害影响评价

通过对石油及天然气钻探企业井筒施工作业现场电气设备危害辨识，不难看出钻井和试修作业现场往往由于电气设备、输电线路、系统保护接地、静电和雷击防护等方面存在管理缺陷和故障，进而引发电气火灾、爆炸和触电伤害等事故，进一步对辨识出的危害因素进行科学评价，是规范电气安全管理、消除事故隐患、保障电气安全的主要途径。

下面，按照系统安全理论，分别用"作业条件危险性评价法（LEC）"和"事故树评价法（FTA）"，对电气危害因素进行定性和定量评价。

一、评价依据

GB 13861—2021　生产过程危险有害因素分类及代码；

GB 6441—1986　企业职工伤亡事故分类；

GB 13955—1992　漏电保护器安装和运行

GB 15599—2009　石油与石油设施雷电安全规范

GB/T 13869—2017　用电安全导则

GB/T 23507.1—2017　石油钻机用电气设备规范　第1部分：主电动机

GB/T 23507.2—2017　石油钻机用电气设备规范　第2部分：控制系统

GB/T 23507.3—2017　石油钻机用电气设备规范　第3部分：电动钻机用柴油发电机组

GB/T 23507.4—2017　石油钻机用电气设备规范　第4部分：辅助用电设备及井场电路

SY/T 5225—2019　石油天然气钻井、开发、储运、防火防爆安全生产管理规定

SY/T 7386—2011　钻修井井场雷电防护规范

SY/T 6202—2013　钻井井场油、水、电及供暖系统安装技术要求

SY/T 5974—2020　钻井井场设备作业安全技术规程

SY/T 5225—2019　石油天然气钻井、开发、储运防火防爆安全生产技术规程

SY/T 23505—2017　石油钻井合理利用网电技术导则

Q/SY 02634—2019　井场电气检验技术规范

其他相关法律、法规、标准和制度。

二、评价方法

评价方法采用作业条件危险性评价（LEC），电气安全危害因素评价表见表 2-2。

表 2-2　电气安全危害因素评价表

序号	危害分布	危害因素	危害后果	L	E	C	D	分级
1	井电布置	高压线跨越井场、驻地，或与设备安全距离不足	触电	3	6	15	270	二级
2	井电布置	发电房距离井口小于 30m，距离油罐小于 20m	火灾、爆炸	1	10	40	400	一级
3	井电布置	架空电缆未使用钢丝绳支撑	触电	3	6	7	126	三级
4	井电布置	井场输电线路跨越油罐、柴油机排气管、放喷管线出口	火灾、爆炸	1	10	40	400	一级
5	发电房、气源房	未使用木质地板，或金属地板未铺设绝缘胶皮	触电	3	6	15	270	二级
6	发电房、气源房	室内外杂物、油污未及时清理	火灾	3	2	15	90	三级
7	发电房、气源房	发电机外壳未接地或接地电阻大于 4Ω	触电	3	2	15	90	三级
8	发电房、气源房	发电机外壳未与井场总等电位联结电缆连接	触电	3	2	15	90	三级
9	发电房、气源房	防爆分线盒电缆引入装置未装压帽	火灾、爆炸	3	3	15	135	三级
10	发电房、气源房	照明灯具、开关外壳破损，电缆引入松动	触电、火灾	3	3	15	135	三级
11	发电房、气源房	除充电机外，未经电控房直接从发电房取电	触电	3	1	15	45	四级
12	发电房、气源房	控制开关壳体破损，或者接线头处无护盖	触电	3	3	15	135	三级
13	发电房、气源房	控制柜未与井场总等电位联结电缆连接	触电	3	3	15	135	三级
14	发电房、气源房	发电房使用非防爆照明灯具、控制开关	火灾、爆炸	3	3	15	135	三级
15	发电房、气源房	发电房漏油	火灾	3	3	15	135	三级

续表

序号	危害分布	危害因素	危害后果	L	E	C	D	分级
16	VFD（MCC）房	室内温度、气味异常	火灾	3	1	15	45	四级
17		地板绝缘垫破损	触电	3	2	15	90	三级
18		控制柜开关标识缺失	触电	1	6	15	90	三级
19		总电位联结电缆未有效连接	触电、雷击	3	2	15	90	三级
20		出线柜电缆插头松动或发热	火灾	3	1	15	45	四级
21		MCC房总柜内未配置电力避雷器	雷击	1	6	7	42	四级
22		井控房、电磁刹车和场地照明等用电设备，未在电控房内MCC总开关前端分设控制开关，单独取电	控制失灵	3	1	15	45	四级
23	输电电缆	电缆绝缘老化、破损（裸露）	触电	6	3	15	270	二级
24		电缆接头裸露或绝缘失效	触电	6	3	15	270	二级
25		防爆区域电缆存在中间接头，或未做绝缘处理	火灾、爆炸	3	3	15	135	三级
26		电缆从电气设备接线盒外部割断连接	触电、火灾	3	3	15	135	三级
27		电缆选型、规格与电气设备参数不匹配	火灾	3	3	15	135	三级
28		临时用电电路未经过漏电保护器控制供电	触电	6	3	15	270	二级
29	防爆照明灯具	开关、镇流器不防爆	火灾、爆炸	3	6	15	270	二级
30		防爆面密封失效	火灾、爆炸	3	6	15	270	二级
31		壳体破损，密封失效	火灾、爆炸	3	6	15	270	二级
32		电缆入口密封失效	火灾、爆炸	3	6	15	270	二级
33		电缆绝缘失效（中间接头或裸露）	触电、火灾	3	6	15	270	二级
34	振动筛、控制箱	电缆引入方式错误（未使用金属穿管式）	火灾、爆炸	3	6	15	270	二级

续表

序号	危害分布	危害因素	危害后果	L	E	C	D	分级
				\multicolumn{4}{c}{风险评价}	

序号	危害分布	危害因素	危害后果	L	E	C	D	分级
35	磁力启动器	隔爆腔盖螺栓未上齐，密封失效	火灾、爆炸	3	6	15	270	二级
36		接线腔电缆引入两根电缆，密封失效	火灾、爆炸	3	6	15	270	二级
37	防爆按钮开关	电缆引入装置压帽未压紧	火灾、爆炸	3	6	15	270	二级
38	防爆电机	隔爆接线盒盖螺栓不齐，防爆失效	火灾、爆炸	3	6	15	270	二级
39		隔爆接触面严重锈蚀	火灾、爆炸	3	3	15	135	三级
40		接线盒隔爆面锈蚀严重	火灾、爆炸	3	3	15	135	三级
41		电缆引入未使用防爆挠性管或挠性管损坏	火灾、爆炸	3	3	15	135	三级
42	钻井液罐隔爆电控箱	防爆插座未使用时未盖上防爆盖	火灾、爆炸	3	6	15	270	二级
43		电缆引入装置密封处密封失效	火灾、爆炸	3	6	15	270	二级
44		未引入电缆时未将垫圈换成盲板	火灾、爆炸	3	6	15	270	二级
45		箱体、箱盖锈蚀，防爆性能降低或失效	火灾、爆炸	3	6	15	270	二级
46		防爆插头与电缆固定不可靠	火灾、爆炸	3	6	15	270	二级
47	远控房磁力启动器、接线盒及开关	单个电缆引入装置引入多根电缆	火灾、爆炸	3	6	15	270	二级
48		电缆外径与引入装置密封圈内径不一致	火灾、爆炸	3	6	15	270	二级
49		电缆引入装置压帽未压紧	火灾、爆炸	3	6	15	270	二级
50		备用电缆引入装置未安装盲板、堵柱	火灾、爆炸	3	6	15	270	二级
51		备用电缆引入装置塑料压帽未更换为金属压帽	火灾、爆炸	3	6	15	270	二级
52	油罐、机泵房	单个电缆引入装置引入多根电缆	火灾、爆炸	3	6	15	270	二级
53		防爆白炽灯无电缆引入装置	火灾、爆炸	3	3	15	135	三级
54		电缆中间接头未采取绝缘、防潮措施	火灾、触电	3	3	15	135	三级

续表

序号	危害分布	危害因素	危害后果	L	E	C	D	分级
55	油罐、机泵房	磁力启动器压帽未压紧	火灾、爆炸	3	3	15	135	三级
56		电缆外径与电缆引入装置密封圈不匹配	火灾、爆炸	3	6	15	270	二级
57		水泵电机电缆采取穿管式,电缆绝缘护套损坏	触电	3	3	15	135	三级
58		未采取防雷接地的贮油罐,防静电接地少于2处,或接地电阻大于100Ω	火灾、爆炸	3	1	40	120	三级
59	水罐	水泵、控制箱、控制开关无防水措施	触电	3	3	15	135	三级
60		电缆裸露或中间接头未做防水处理	触电	3	3	15	135	三级
61	钻台及底座	电缆存在中间接头,或未做绝缘处理	火灾、爆炸	3	3	15	135	三级
62		使用非防爆电机、照明灯、控制柜及控制开关	火灾、爆炸	3	6	15	270	二级
63		电气设备电缆引入装置密封失效	火灾、爆炸	3	6	15	270	二级
64	液压泵站配电箱	使用非防爆电气控制箱	火灾、爆炸	3	6	15	270	二级
65		控制箱电缆引入装置密封失效	火灾、爆炸	3	6	15	270	二级
66	电磁刹车	直流冷风机使用非防爆电机	火灾、爆炸	3	6	15	270	二级
67		防爆电机接线盒密封失效	火灾、爆炸	3	6	15	270	二级
68		防爆电机电缆引入装置密封失效	火灾、爆炸	3	6	15	270	二级
69		使用非防爆信号灯	火灾、爆炸	3	6	15	270	二级
70		防爆灯电缆引入装置密封失效	火灾、爆炸	3	6	15	270	二级
71		防爆灯灯罩密封失效	火灾、爆炸	3	6	15	270	二级
72	钻井参数仪	钻井参数采集箱使用非防爆插接件	火灾、爆炸	3	6	15	270	二级
73		变送器电缆采用了中间接头未进行防爆处理	火灾、爆炸	3	6	15	270	二级
74		二层台工业监控电视电缆敷设在井架笼梯外侧	雷击	1	3	15	45	四级

续表

序号	危害分布	危害因素	危害后果	L	E	C	D	分级
75	综合录井仪	接头箱上插件不防爆	火灾、爆炸	3	2	15	90	三级
76	数码防碰装置	数字化高度仪面板不防爆，或铭牌上标识不全	火灾、爆炸	3	6	15	270	二级
77	等电位联结	发电房接地线桩埋入地下，不便检测	触电	3	3	15	135	三级
78	等电位联结	等电位接线桩设置在安全通道处	触电	3	3	15	135	三级
79	等电位联结	MCC房多根等电位电缆接在一个接地螺栓上	触电	1	3	15	45	二级
80	等电位联结	电气设备等电位联结未接通	触电	3	3	15	135	三级
81	等电位联结	在PE回路上安装保护电器或开关	触电	3	3	15	135	三级
82	等电位联结	发电房、VFD房、MCC房、顶驱房、综合录井房、会议室等需要预防直击雷损害的重要金属构建，未在房体对角线处同时与总等电位联结母线进行两处连接	雷击	3	1	15	45	三级
83	等电位联结	等电位联结母线未在井场后场、VFD房、顶驱房录井房处重复接地，或者接地电阻大于4Ω	触电	3	1	15	45	三级
84	电动工具	电焊机接线柱、极板、接线端防护罩缺失、破损	触电	3	3	15	135	三级
85	电动工具	电焊钳手柄绝缘失效	触电	3	3	15	135	三级
86	电动工具	电焊机机壳未接地（接零），或接线桩松动	触电	3	3	15	135	三级
87	电动工具	电焊机接地线中间有电缆接头	火灾	1	3	15	45	四级
88	电动工具	电焊面罩破损或未正确使用	电弧灼伤	6	3	7	126	三级
89	电动工具	电焊机空载自动断电保护装置失效或未安装	触电	3	3	15	135	三级
90	电动工具	焊接电缆表皮破损	触电	3	3	15	135	三级

续表

序号	危害分布	危害因素	危害后果	L	E	C	D	分级
91	电动工具	使用金属构件、管道等代替焊接电缆使用	火灾、触电	3	3	15	135	三级
92		电动工具外壳破损或接地不良	触电	3	3	15	135	三级
93		电动工具控制开关破损	触电	3	3	15	135	三级
94		剥线钳、电工刀等手工具柄部绝缘破损	触电	3	3	15	135	三级
95		多台电动工具使用一个控制开关	机械伤害	3	3	7	63	四级
96	生活驻地及野营房	驻地未设置配电箱，或配电箱外壳无防水、防尘、防腐措施	触电、火灾	3	6	15	270	二级
97		野营房未与生活营地等电位电缆连接	触电、雷击	3	6	15	270	二级
98		营房未正确安装进户漏电保护开关	触电	3	6	15	270	二级
99		入户电缆航空插头松动，或压盖未旋紧	火灾	3	6	15	270	二级
100		未使用的航空插头母端未旋紧压盖	触电、火灾	3	6	15	270	二级
101		开关、插线板、插座等壳体破损	触电	3	6	15	270	二级
102		电气接线头裸露	触电	3	6	15	270	二级
103		电脑、打印机等办公电脑未连接到防雷插座上	雷击	1	6	7	42	四级
104		入户电缆未采取穿管保护	触电、火灾	3	3	15	135	三级
105		使用铁、铜、铝丝代替控制开关的保险丝	火灾	3	6	15	270	二级
106	厨房、淋浴房、洗衣房	照明灯、开关盒未采取防水措施	触电	3	6	15	270	二级
107		插座、电缆浸泡在水中	触电	3	6	15	270	二级
108		洗衣机、压面机、烤箱等电器设备未接地	触电	3	6	15	270	二级

三、事故树（故障树）评价

根据电气事故的类型和特点，分别创建"电气火灾、爆炸"和"触电伤害"事故树，求出事故树的"最小割集""最小径集""基本事件的结构重要度"，进一步分析事故发生路径和预防控制路径，为优化管理方案提供技术支持。

（一）电气火灾、爆炸事故评价

1. 创建"电气火灾、爆炸事故树"

在危害辨识评价的基础上，创建"电气火灾、爆炸事故树"。

（1）确定顶上事件：电气火灾、爆炸事故（第一层）。

（2）分析"电气火灾、爆炸事故"的直接原因事件、事件的性质和逻辑关系。直接原因事件："电火花"和"可燃物"，这两个事件需要同时发生才可能导致"电气火灾、爆炸事故"，因此用"与"门连接（二层）。

（3）分析"电火花"产生的直接原因事件、事件的性质和逻辑关系。直接原因事件："电气设备火花""输电线路火花""雷击火花""静电火花"，这四个事件只要其中一个发生，则"电火花"事件就会发生。因此，用"或"门连接（三层）。

（4）分析"可燃物"存在的直接原因事件、事件的性质和逻辑关系。直接原因事件："电气设备周围堆放易燃物""电气作业现场存在易燃物""输电线路跨越易燃物""可燃气体聚集达到爆炸极限"，这四个事件只要其中一个存在，则"可燃物"存在。因此，用"或"门连接（三层）。

（5）分析"电气设备火花"产生的直接原因事件、事件的性质和逻辑关系。直接原因事件："电气设备不防爆"和"防爆设备损坏"，这两个事件只要其中一个发生，则可能引发"电气设备火花"。因此，用"或"门连接（四层）。

（6）分析"输电线路火花"产生的直接原因事件、事件的性质和逻辑关系。直接原因事件："电路分支接头接触不良""电线超负荷起火""电线短路起火"，这三个事件只要其中一个发生，则"输电线路火花"存在。因此，用

"或"门连接（四层）。

（7）分析"雷击火花"产生的直接原因事件、事件的性质和逻辑关系。直接原因事件："未设置防雷装置"和"防雷装置失效"，这两个事件只要其中一个存在，则"雷击火花"存在。因此，用"或"门连接（四层）。

（8）分析"静电火花"产生的直接原因事件、事件的性质和逻辑关系。直接原因事件："人体静电火花"和"设备静电火花"，这两个事件只要其中一个存在，则"静电火花"发生。因此，用"或"门连接（四层）。

（9）分析"可燃气体聚集达到爆炸极限"产生的直接原因事件、事件的性质和逻辑关系。直接原因事件："可燃气体溢出"和"可燃气体聚集"，这两个事件只要其中一个存在，则"可燃气体聚集达到爆炸极限"发生。因此，用"与"门连接（四层）。

（10）分析"输电线路超负荷起火"产生的直接原因事件、事件的性质和逻辑关系。直接原因事件："过载保护装置未安装"和"输电线路过载"，这两个基本事件同时存在，则"输电线路超负荷起火"发生。因此，用"与"门连接（五层）。

（11）分析"电线短路起火"产生的直接原因事件、事件的性质和逻辑关系。直接原因事件："短路保护装置未安装"和"电线相间短路"，这两个事件同时存在，则"电线短路起火"发生。因此，用"与"门连接（五层）。

（12）分析"人体静电火花"产生的直接原因事件、事件的性质和逻辑关系。直接原因事件："化纤衣物与人体摩擦"和"积累电压达到放电值"，这两个事件同时存在，则"人体静电火花"产生。因此，用"与"门连接（五层）。

（13）分析"设备静电火花"产生的直接原因事件、事件的性质及逻辑关系。直接原因事件："静电积累"和"接触不良"，这两个事件同时存在，则"设备静电火花"发生。因此，用"与"门连接（五层）。

（14）分析"可燃气体溢出"产生的直接原因事件、事件的性质和逻辑关系。直接原因事件："油品挥发"和"溢流、井喷"，这两个事件只要其中一个存在，则"可燃气体溢出"发生。因此，用"或"门连接（五层）。

（15）分析"可燃气体聚集"产生的直接原因事件、事件的性质和逻辑关系。直接原因事件："井场通风不良""未配备直流风机""直流风机故障或未使用"，这三个事件只要其中一个存在，则"可燃气体聚集"发生。因此，用"或"门连接（五层）。

（16）分析"输电线路过载"产生的直接原因事件、事件的性质和逻辑关系。直接原因事件："超压超载"和"电线载流能力不匹配"，这两个事件只要其中一个存在，则"输电线路过载"发生。因此，用"或"门连接（六层）。

（17）分析"电线相间短路"产生的直接原因事件、事件的性质和逻辑关系。直接原因事件："电压过流击穿""电线绝缘损坏""意外碰相"，这三个事件只要其中一个存在，则"电线相间短路"发生。因此，用"或"门连接（六层）。

（18）分析"静电积累"产生的直接原因事件、事件的性质和逻辑关系。直接原因事件："设备和物件存在静电摩擦"和"管道内流体存在静电摩擦"，这两个事件只要其中一个存在，则"静电积累"发生。因此，用"或"门连接（六层）。

（19）分析"接触不良"产生的直接原因事件、事件的性质和逻辑关系。直接原因事件："设备未安装静电接地线"和"设备接地不良"，这两个事件只要其中一个存在，则"接触不良"发生。因此，用"或"门连接（六层）。

据此分析，创建"电气火灾、爆炸事故树"（图2-65）。

2. 电气火灾爆炸事故定量评价

利用布尔代数计算事故树的最小割集、最小径集和各基本事件的结构重要度。

（1）最小割集分析评价。顶上事件的结构函数：

$$T_0 = M_1 M_2$$
$$= (M_4 + M_5 + M_7 + M_6)(X_{19} + X_{20} + X_{21} + M_{17})$$
$$= (X_1 + X_2 + X_3 + M_8 + M_9 + X_{11} + X_{12} + M_{11} + M_{12})(X_{19} + X_{20} + X_{21} + M_3 M_{15})$$
$$= [(X_1 + X_2 + X_3 + X_4(X_5 + X_6) + X_7(X_8 + X_9 + X_{10}) + X_{11} + X_{12} + X_{13}X_{14} + (X_{15} + X_{16})(X_{17} + X_{18})][X_{19} + X_{20} + X_{21} + (X_{22} + X_{23})(X_{24} + X_{25} + X_{26})]$$

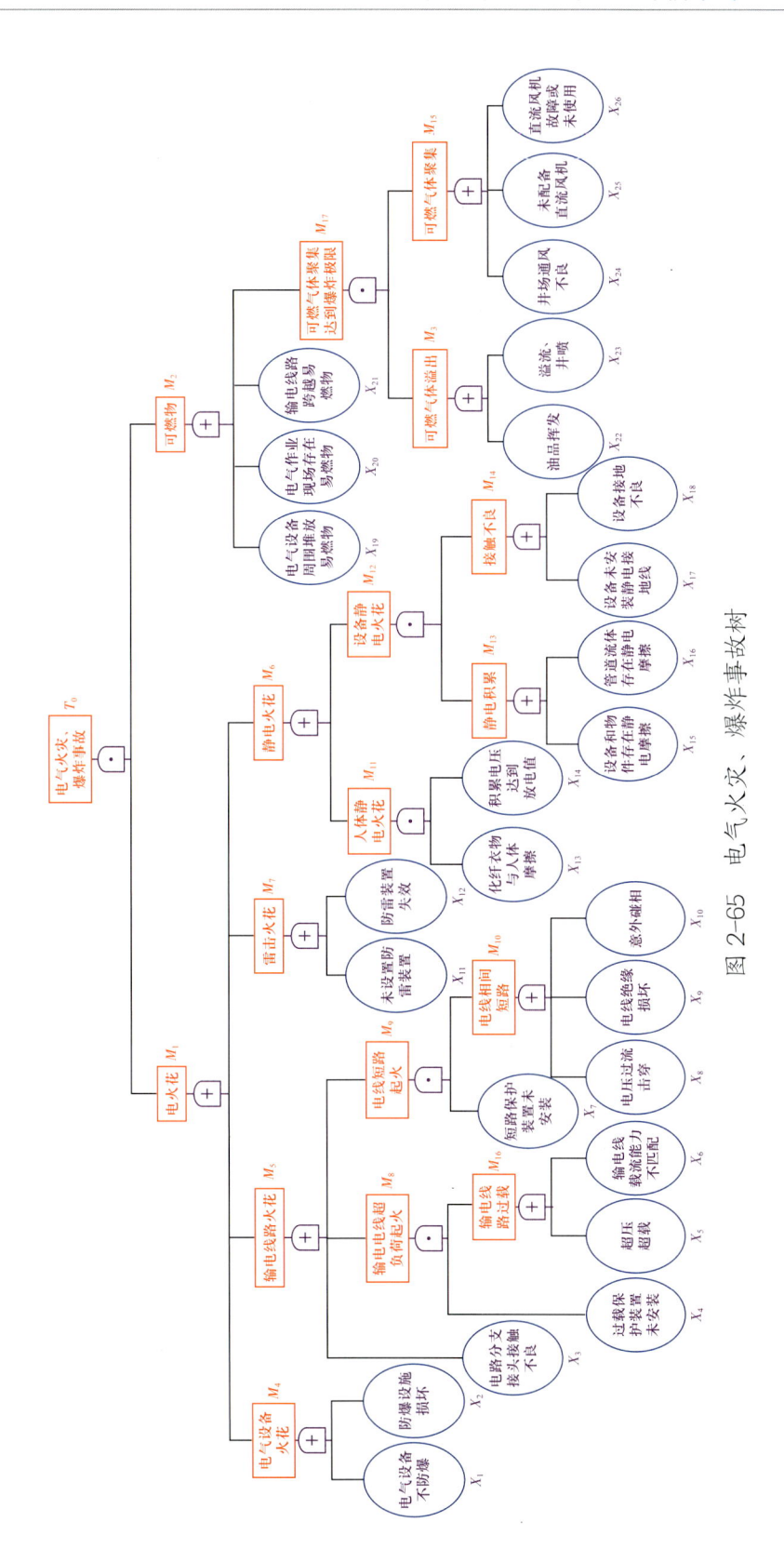

图 2-65 电气火灾、爆炸事故树

利用布尔代数的交换律、结合律、幂等律、分配率、吸收率、消元率、德·摩根定律等运算法则，进一步化简求得事故树的最小割集，即：

$K_1 = \{X_1\ X_{23}\ X_{24}\}$

$K_2 = \{X_6\ X_{23}\ X_4\ X_{24}\}$

$K_3 = \{X_{13}\ X_{23}\ X_{14}\ X_{24}\}$

$K_4 = \{X_{11}\ X_{23}\ X_{24}\}$

$K_5 = \{X_1\ X_{19}\}$

$K_6 = \{X_1\ X_{20}\}$

$K_7 = \{X_1\ X_{21}\}$

$K_8 = \{X_8\ X_{23}\ X_7\ X_{24}\}$

$K_9 = \{X_3\ X_{23}\ X_{24}\}$

$K_{10} = \{X_5\ X_{19}\ X_4\}$

$K_{11} = \{X_5\ X_{20}\ X_4\}$

$K_{12} = \{X_5\ X_{21}\ X_4\}$

$K_{13} = \{X_{15}\ X_{23}\ X_{17}\ X_{24}\}$

$K_{14} = \{X_{13}\ X_{19}\ X_{14}\}$

$K_{15} = \{X_{13}\ X_{20}\ X_{14}\}$

$K_{16} = \{X_{13}\ X_{21}\ X_{14}\}$

$K_{17} = \{X_{12}\ X_{23}\ X_{26}\}$

$K_{18} = \{X_{11}\ X_{19}\}$

$K_{19} = \{X_{11}\ X_{20}\}$

$K_{20} = \{X_{11}\ X_{21}\}$

$K_{21} = \{X_2\ X_{19}\}$

$K_{22} = \{X_2\ X_{20}\}$

$K_{23} = \{X_2\ X_{21}\}$

$K_{24} = \{X_8\ X_{19}\ X_7\}$

$K_{25} = \{X_8\ X_{20}\ X_7\}$

$K_{26} = \{X_8\ X_{21}\ X_7\}$

$K_{27} = \{X_3\ X_{19}\}$

$K_{28} = \{X_3\ X_{20}\}$

$K_{29} = \{X_3\ X_{21}\}$

$K_{30} = \{X_{15}\ X_{19}\ X_{17}\}$

$K_{31} = \{X_{15}\ X_{20}\ X_{17}\}$

$K_{32} = \{X_{15}\ X_{21}\ X_{17}\}$

$K_{33} = \{X_{15}\ X_{23}\ X_{18}\ X_{24}\}$

$K_{34} = \{X_{12}\ X_{19}\}$

$K_{35} = \{X_{12}\ X_{20}\}$

$K_{36} = \{X_{12}\ X_{21}\}$

$K_{37} = \{X_9\ X_{19}\ X_7\}$

$K_{38} = \{X_{10}\ X_{19}\ X_7\}$

$K_{39} = \{X_9\ X_{20}\ X_7\}$

$K_{40} = \{X_{10}\ X_{20}\ X_7\}$

$K_{41} = \{X_9\ X_{21}\ X_7\}$

$K_{42} = \{X_{10}\ X_{21}\ X_7\}$

$K_{43} = \{X_{16}\ X_{19}\ X_{17}\}$

$K_{44} = \{X_{15}\ X_{19}\ X_{18}\}$

$K_{45} = \{X_{16}\ X_{20}\ X_{17}\}$

$K_{46} = \{X_{15}\ X_{20}\ X_{18}\}$

$K_{47} = \{X_{16}\ X_{21}\ X_{17}\}$

$K_{48} = \{X_{15}\ X_{21}\ X_{18}\}$

$K_{49} = \{X_{16}\ X_{23}\ X_{18}\ X_{24}\}$

$K_{50} = \{X_{15}\ X_{22}\ X_{18}\ X_{25}\}$

$K_{51} = \{X_{15}\ X_{22}\ X_{18}\ X_{26}\}$

$K_{52} = \{X_{16}\ X_{19}\ X_{18}\}$

$K_{53} = \{X_{16}\ X_{20}\ X_{18}\}$

$K_{54} = \{X_{16}\ X_{21}\ X_{18}\}$

$K_{55} = \{X_{16}\ X_{22}\ X_{18}\ X_{25}\}$

$K_{56} = \{X_{16}\ X_{22}\ X_{18}\ X_{26}\}$

$K_{57} = \{X_{15}\ X_{23}\ X_{18}\ X_{25}\}$

$K_{58} = \{X_{15}\ X_{23}\ X_{18}\ X_{26}\}$

$K_{59} = \{X_{16}\ X_{23}\ X_{18}\ X_{25}\}$

$K_{60} = \{X_{16}\ X_{23}\ X_{18}\ X_{26}\}$

$K_{61} = \{X_2\ X_{23}\ X_{26}\}$

$K_{62} = \{X_1\ X_{23}\ X_{25}\}$

$K_{63} = \{X_1\ X_{23}\ X_{26}\}$

$K_{64} = \{X_6\ X_{23}\ X_4\ X_{25}\}$

$K_{65} = \{X_6\ X_{23}\ X_4\ X_{26}\}$

$K_{66} = \{X_{13}\ X_{23}\ X_{14}\ X_{25}\}$

$K_{67} = \{X_{13}\ X_{23}\ X_{14}\ X_{26}\}$

$K_{68} = \{X_{11}\ X_{23}\ X_{25}\}$

$K_{69} = \{X_{11}\ X_{23}\ X_{26}\}$

$K_{70} = \{X_9\ X_{23}\ X_7\ X_{26}\}$

$K_{71} = \{X_{10}\ X_{23}\ X_7\ X_{26}\}$

$K_{72} = \{X_8\ X_{23}\ X_7\ X_{25}\}$

$K_{73} = \{X_8\ X_{23}\ X_7\ X_{26}\}$

$K_{74} = \{X_3\ X_{23}\ X_{25}\}$

$K_{75} = \{X_3\ X_{23}\ X_{26}\}$

$K_{76} = \{X_6\ X_{19}\ X_4\}$

$K_{77} = \{X_6\ X_{20}\ X_4\}$

$K_{78} = \{X_6\ X_{21}\ X_4\}$

$K_{79} = \{X_{16}\ X_{23}\ X_{17}\ X_{26}\}$

$K_{80} = \{X_{15}\ X_{23}\ X_{17}\ X_{25}\}$

$K_{81} = \{X_{15}\ X_{23}\ X_{17}\ X_{26}\}$

通过运算，该事故树的最小割集共有81个，表明导致顶上事件"电气火灾、爆炸"事故的 26 个基本事件共有 81 种组合形式，每一个最小割集中的基本事件就是一个事故路径，例如 $K_1 = \{X_1\ X_{23}\ X_{24}\}$，就意味着"电气设备不防爆""溢流、井喷""井场通风不良"这三个基本事件就能导致"电气火灾、爆炸"事故的发生。

（2）最小径集。将原"事故树"对偶转化成"成功树"，利用布尔代数求出"成功树"的最小割集，即为原事故树的最小径集，即：

$P_1 = \{X_1\ X_5\ X_{13}\ X_{11}\ X_8\ X_3\ X_{15}\ X_{12}\ X_2\ X_9\ X_{10}\ X_{16}\ X_6\}$

$P_2 = \{X_{22}\ X_{19}\ X_{20}\ X_{21}\ X_{23}\}$

$P_3 = \{X_1\ X_5\ X_{13}\ X_{11}\ X_7\ X_3\ X_{15}\ X_{12}\ X_2\ X_6\ X_{16}\}$

$P_4 = \{X_1\ X_5\ X_{13}\ X_{11}\ X_8\ X_3\ X_{17}\ X_{12}\ X_2\ X_9\ X_{10}\ X_{18}\ X_6\}$

$P_5 = \{X_1\ X_4\ X_{13}\ X_{11}\ X_7\ X_3\ X_{15}\ X_{12}\ X_2\ X_{16}\}$

$P_6 = \{X_1\ X_5\ X_{14}\ X_{11}\ X_7\ X_3\ X_{15}\ X_{12}\ X_2\ X_6\ X_{16}\}$

$P_7 = \{X_1\ X_5\ X_{13}\ X_{11}\ X_7\ X_3\ X_{17}\ X_{12}\ X_2\ X_6\ X_{18}\}$

$P_8 = \{X_1\ X_4\ X_{13}\ X_{11}\ X_8\ X_3\ X_{17}\ X_{12}\ X_2\ X_9\ X_{10}\ X_{18}\}$

$P_9 = \{X_1\ X_5\ X_{14}\ X_{11}\ X_8\ X_3\ X_{17}\ X_{12}\ X_2\ X_6\ X_9\ X_{10}\ X_{18}\}$

$P_{10} = \{X_1\ X_4\ X_{14}\ X_{11}\ X_7\ X_3\ X_{15}\ X_{12}\ X_2\ X_{16}\}$

$P_{11} = \{X_1\ X_4\ X_{13}\ X_{11}\ X_7\ X_3\ X_{17}\ X_{12}\ X_2\ X_{18}\}$

$P_{12} = \{X_1\ X_5\ X_{14}\ X_{11}\ X_7\ X_3\ X_{17}\ X_{12}\ X_2\ X_6\ X_{18}\}$

$P_{13} = \{X_1\ X_4\ X_{14}\ X_{11}\ X_8\ X_3\ X_{17}\ X_{12}\ X_2\ X_9\ X_{10}\ X_{18}\}$

$P_{14} = \{X_1\ X_4\ X_{14}\ X_{11}\ X_7\ X_3\ X_{17}\ X_{12}\ X_2\ X_{18}\}$

$P_{15} = \{X_1\ X_4\ X_{13}\ X_{11}\ X_8\ X_3\ X_{15}\ X_{12}\ X_2\ X_9\ X_{10}\ X_{16}\}$

$P_{16} = \{X_1\ X_5\ X_{14}\ X_{11}\ X_8\ X_3\ X_{15}\ X_{12}\ X_2\ X_6\ X_9\ X_{10}\ X_{16}\}$

$P_{17} = \{X_{24}\ X_{19}\ X_{20}\ X_{21}\ X_{25}\ X_{26}\}$

$P_{18} = \{X_1\ X_4\ X_{14}\ X_{11}\ X_8\ X_3\ X_{15}\ X_{12}\ X_2\ X_9\ X_{10}\ X_{16}\}$

通过运算，得出该事故树的最小径集共有 18 个，表明可以通过 18 个途径预防控制电气火灾、爆炸事故。例如：$P_1 = \{X_1\ X_5\ X_{13}\ X_{11}\ X_8\ X_3\ X_{15}\ X_{12}\ X_2\ X_9\ X_{10}\ X_{16}\ X_6\}$，就意味着：只要控制住"电气设备不防爆、超压超载、化纤衣物与人体摩擦、未设置防雷装置、电压过流击穿、电路分支接头接触不良、设备和物件存在静电摩擦、防雷装置失效、防爆设施损坏、电线绝缘损坏、意外碰相、管道流体存在静电摩擦、输电线载流能力不匹配"这13个基本事件，电气火灾、爆炸事故就不会发生。

（3）结构重要度。结合事故树最小割集，利用近似判别式 $I_\phi(i) = \sum_{x_i \in k_j} \frac{1}{2^{n_j-1}}$ 分别计算26个基本事件的结构重要度系数，然后按照由大到小的顺序排列，就能得到这26个基本事件的结构重要度排列，即：

$I(23) > I(19) = I(20) = I(21) > I(18) > I(26) > I(7) > I(15) > I(16) > I(17) = I(25) > I(4) > I(24) = I(3) = I(1) = I(11) > I(2) = I(12) > I(6) = I(8) = I(13) = I(14) > I(9) = I(10) > I(22) = I(5)$

分析表明，事故树中分析出的26个基本事件，对导致"电气火灾、爆炸"这一顶上事件的影响程度是不同的，最高的是"溢流、井喷"，其次是"电气设备周围堆放易燃物""电气作业现场存在易燃物""输电线路跨越易燃易爆物"，影响最小的是"油品挥发"和"超压过载"。结构重要度的评价，是综合考虑安全、环保、经济投入、实现难度及社会影响等诸多因素，优化电气安全管理方案的参考依据。

（二）触电伤害事故评价

1. 创建"触电伤害事故树"

在危害辨识评价的基础上，创建"触电伤害事故树"。

（1）确定顶上事件：触电伤害事故（第一层）。

（2）分析"触电伤害事故"的直接原因事件、事件的性质和逻辑关系。直接原因事件："接触带（漏）电体"和"防护不当"，这两个事件需要同时发生才可能导致"触电伤害事故"，因此用"与"门连接（二层）。

（3）分析"接触带（漏）电体"的直接原因事件、事件的性质和逻辑关系。直接原因事件："直接触电""间接触电""跨步触电"，这三个基本事件只要发生一个就会导致"接触带（漏）电体"，因此用"或"门连接（三层）。

（4）分析"防护不当"的直接原因事件、事件的性质和逻辑关系。直接原因事件:"电工作业使用非绝缘工具""工具的绝缘损坏""电工作业未正确穿戴绝缘防护器具",这三个基本事件只要发生一个就会导致"防护不当",因此用"或"门连接(三层)。

(5)分析"直接触电"的直接原因事件、事件的性质和逻辑关系。直接原因事件:"两相触电"和"单相触电",这两个基本事件只要发生一个就会导致"直接触电",因此用"或"门连接(四层)。

(6)分析"间接触电"的直接原因事件、事件的性质和逻辑关系。直接原因事件:"绝缘损坏或相碰壳导致外壳带电"和"保护接零失效",这两个基本事件同时发生才会导致"直接触电",因此用"与"门连接(四层)。

(7)分析"跨步触电"的直接原因事件、事件的性质和逻辑关系。直接原因事件:"埋地电缆绝缘破损""高压输电线断相与大地相连""电气设备保护接地线桩埋在通道处""防雷装置接地线桩埋在过道处",这四个基本事件只要发生一个就会导致"跨步触电",因此用"或"门连接(四层)。

(8)分析"两相触电"的直接原因事件、事件的性质和逻辑关系。直接原因事件:"触及配电箱两相母排"和"触及两相带电裸线",这两个基本事件只要发生一个就会造成"两相触电",因此用"或"门连接(五层)。

(9)分析"单相触电"的直接原因事件、事件的性质和逻辑关系。直接原因事件:"漏电保护装置缺失或故障"和"触及绝缘损坏的带电体",这两个基本事件只有同时发生才会导致"单相触电",因此用"与"门连接(五层)。

(10)分析"绝缘损坏或相碰壳导致外壳带电"的直接原因事件、事件的性质和逻辑关系。直接原因事件:"酸碱腐蚀""绝缘等级低""绝缘老化",这三个基本事件只要发生一个就会导致"绝缘损坏或相碰壳导致外壳带电",因此用"或"门连接(五层)。

(11)分析"保护接零失效"的直接原因事件、事件的性质和逻辑关系。直接原因事件:"未采取保护接零"和"保护接零系统故障",这两个基本事件只要发生一个就会造成"保护接零失效",因此用"或"门连接(五层)。

(12)分析"触及绝缘损坏的带电体"的直接原因事件、事件的性质和逻辑关系。直接原因事件:"焊渣烧毁绝缘"和"机械力破坏绝缘",这两个基本事件只要发生一个就会引发"触及绝缘损坏的带电体",因此用"或"门连接（六层）。

据此分析,绘制"触电伤害事故树"（图 2-66）。

2. 触电伤害事故定量评价

利用布尔代数计算事故树的最小割集、最小径集和各基本事件的结构重要度。

（1）最小割集分析评价。顶上事件的结构函数：

$T_0 = M_1 M_2$

$= (M_3 + M_4 + M_5)(X_{15} + X_{16} + X_{17})$

$= (M_6 + M_7 + M_8 M_9 + X_{11} + X_{12} + X_{13} + X_{14})(X_{15} + X_{16} + X_{17})$

$= [X_1 + X_2 + X_3 M_{10} + (X_6 + X_7 + X_8)(X_9 + X_{10}) + X_{11} + X_{12} + X_{13} + X_{14}](X_{15} + X_{16} + X_{17})$

$= [X_1 + X_2 + X_3(X_4 + X_5) + (X_6 + X_7 + X_8)(X_9 + X_{10}) + X_{11} + X_{12} + X_{13} + X_{14}]$
$\quad (X_{15} + X_{16} + X_{17})$

利用布尔代数的交换律、结合律、幂等律、分配率、吸收率、消元率、德·摩根定律等运算法则,进一步化简求得事故树的最小割集,即：

$K_1 = \{X_1 \; X_{15}\}$

$K_2 = \{X_6 \; X_{15} \; X_9\}$

$K_3 = \{X_{11} \; X_{15}\}$

$K_4 = \{X_1 \; X_{16}\}$

$K_5 = \{X_1 \; X_{17}\}$

$K_6 = \{X_6 \; X_{16} \; X_9\}$

$K_7 = \{X_6 \; X_{17} \; X_9\}$

$K_8 = \{X_6 \; X_{15} \; X_{10}\}$

$K_9 = \{X_{12} \; X_{15}\}$

$K_{10} = \{X_{13} \; X_{15}\}$

$K_{11} = \{X_{14} \; X_{15}\}$

$K_{12} = \{X_{11} \; X_{16}\}$

$K_{13} = \{X_{11} \; X_{17}\}$

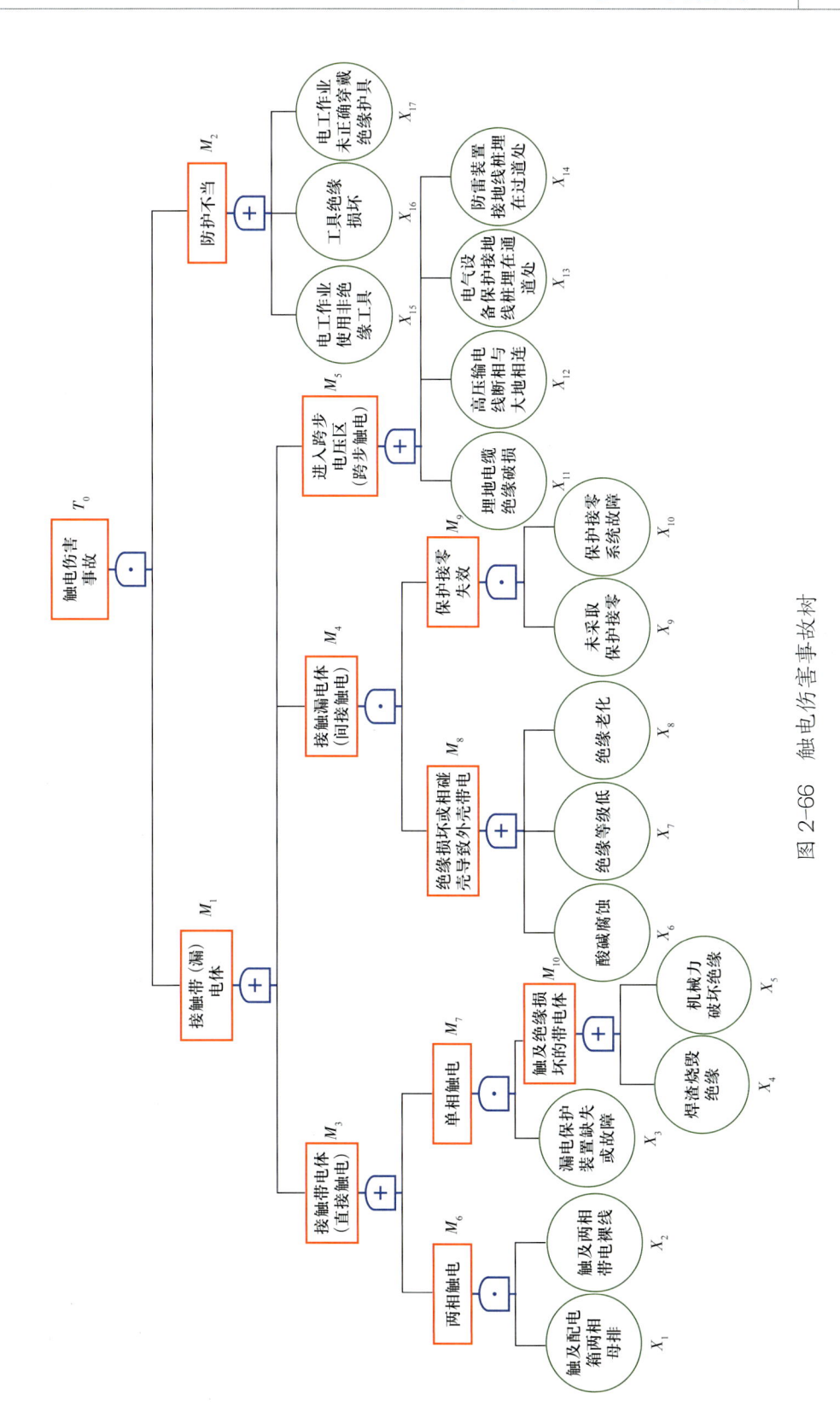

图 2-66 触电伤害事故树

$K_{14} = \{X_4\ X_{16}\ X_3\}$

$K_{15} = \{X_4\ X_{17}\ X_3\}$

$K_{16} = \{X_7\ X_{16}\ X_9\}$

$K_{17} = \{X_8\ X_{16}\ X_9\}$

$K_{18} = \{X_6\ X_{16}\ X_{10}\}$

$K_{19} = \{X_7\ X_{17}\ X_9\}$

$K_{20} = \{X_8\ X_{17}\ X_9\}$

$K_{21} = \{X_6\ X_{17}\ X_{10}\}$

$K_{22} = \{X_7\ X_{15}\ X_{10}\}$

$K_{23} = \{X_8\ X_{15}\ X_{10}\}$

$K_{24} = \{X_{12}\ X_{16}\}$

$K_{25} = \{X_{12}\ X_{17}\}$

$K_{26} = \{X_{13}\ X_{16}\}$

$K_{27} = \{X_{13}\ X_{17}\}$

$K_{28} = \{X_{14}\ X_{16}\}$

$K_{29} = \{X_{14}\ X_{17}\}$

$K_{30} = \{X_7\ X_{16}\ X_{10}\}$

$K_{31} = \{X_8\ X_{16}\ X_{10}\}$

$K_{32} = \{X_7\ X_{17}\ X_{10}\}$

$K_{33} = \{X_8\ X_{17}\ X_{10}\}$

$K_{34} = \{X_4\ X_{15}\ X_3\}$

$K_{35} = \{X_7\ X_{15}\ X_9\}$

$K_{36} = \{X_8\ X_{15}\ X_9\}$

$K_{37} = \{X_2\ X_{16}\}$

$K_{38} = \{X_2\ X_{17}\}$

$K_{39} = \{X_5\ X_{16}\ X_3\}$

$K_{40} = \{X_5\ X_{17}\ X_3\}$

$K_{41} = \{X_2\ X_{15}\}$

$K_{42}=\{X_5 X_{15} X_3\}$

通过运算，该事故树的最小割集共有42个，表明导致顶上事件"触电伤害"事故的17个基本事件共有42种组合形式，每一个最小割集中的基本事件就是一个事故路径，例如 $K_1=\{X_1 X_{15}\}$，就意味着："电工作业使用非绝缘工具""触及配电箱两相母排"这两个基本事件就能导致"触电伤害事故"的发生。

（2）最小径集。将原"事故树"对偶转化成"成功树"，利用布尔代数求出"成功树"的最小割集，即为原事故树的最小径集，即：

$P_1=\{X_1 X_6 X_{11} X_{12} X_{13} X_{14} X_4 X_7 X_8 X_2 X_5\}$

$P_2=\{X_{15} X_{16} X_{17}\}$

$P_3=\{X_1 X_9 X_{11} X_4 X_{10} X_{12} X_{13} X_{14} X_2 X_5\}$

$P_4=\{X_1 X_9 X_{11} X_3 X_{10} X_{12} X_{13} X_{14} X_2\}$

$P_5=\{X_1 X_6 X_{11} X_{12} X_{13} X_{14} X_3 X_7 X_8 X_2\}$

通过运算，得出该事故树的最小径集共有5个，表明可以通过5个途径预防控制电气火灾、爆炸事故。例如：$P_1=\{X_1 X_6 X_{11} X_{12} X_{13} X_{14} X_4 X_7 X_8 X_2 X_5\}$，就意味着：只要控制住"触及配电箱两相母排、酸碱腐蚀、埋地电缆绝缘破损、高压输电线断相与大地相连、电气设备保护接地线桩埋在通道处、防雷装置接地线桩埋在过道处、焊渣烧毁绝缘、绝缘等级低、绝缘老化、触及两相带电裸线、机械力损坏绝缘"这11个基本事件，触电伤害事故就不会发生。

（3）结构重要度。结合事故树最小割集，利用近似判别式 $I_\phi(i)=\sum_{x_i\in k_j}\frac{1}{2^{n_j-1}}$ 分别计算17个基本事件的结构重要度系数，然后按照由大到小的顺序排列，就能得到这26个基本事件的结构重要度排列，即：

$I(15)=I(16)=I(17)>I(9)=I(10)>I(6)=I(3)=I(7)=I(8)>I(13)=I(14)=I(11)=I(1)=I(12)=I(2)>I(4)=I(5)$

分析表明，事故树中分析出的17个基本事件，对导致"触电伤害"这一顶上事件的影响程度是不同的，最高的是"电工作业使用非绝缘工具""工具绝缘损坏""电工作业未正确穿戴绝缘护具"，其次是"未采取保护接零""保护接零系统故障",影响最小的是"焊渣烧毁绝缘"和"机械力破坏绝缘"。

(三)典型事故案例及原因分析

1. 电火花伤人事件

1)事故经过

2014年6月12日,某钻井队正常钻井作业。12:15,因振动筛无动力,工程三班司机左某未办理作业许可,擅自卸下振动筛电源接头,在使用万用表检测时,接头与罐面接触,产生电火花,造成双手大拇指烧伤,面部熏黑。

2)事故原因分析

围绕顶上事件,调查分析基本原因事件,逐层展开分析,创建事故树(图2-67)。

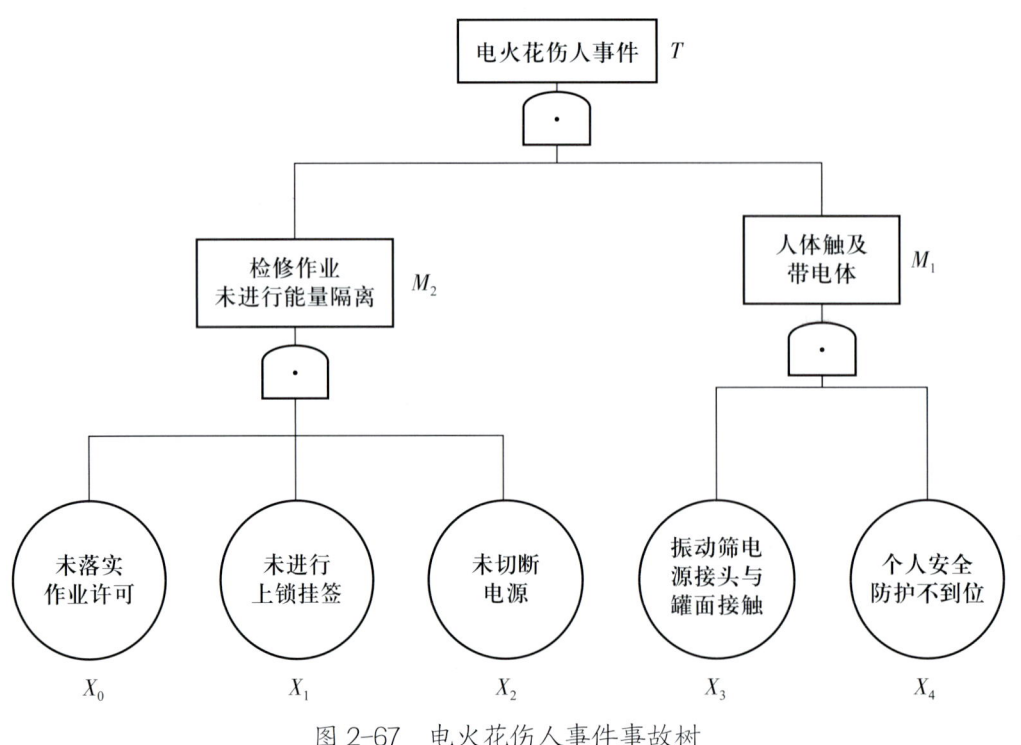

图2-67 电火花伤人事件事故树

事故原因解析:

(1)振动筛接头与罐面接触形成短路,产生电火花造成检修人员受伤。

(2)电路检维修作业未按要求办理作业许可,未切断电源、落实上锁挂签措施。

3）预防措施

（1）电路检修作业时必须进行作业许可，落实切断动力源上锁挂签控制措施。

（2）电路检维修时作业人员必须持有效操作证上岗作业，并严格执行电路检查，确保电路检维修安全。

（3）加强安全用电基础知识教育培训，让员工了解违章用电和违章电路检维修的危害，提高员工安全用电的能力。

（4）强化雨季安全用电管理，电线无破损、裸露现象，线路架设规范，接线符合安全要求，开关各类电气开关时应观察无安全隐患后谨慎挂合。

2. 电击灼伤事件

1）事故经过

2016年6月19日，××公司在××井进行水电安装作业，电工谢某某、杨某与钻井队电工雍某协商发电机连接工作由雍某完成，在未告知钻井队干部的情况下离开井场。21日9:30，2#发电机组停车，安装1#发电房，10:20，1#发电房就位。10:30，电工雍某在未告知值班干部、未进行能量隔离上锁挂签的情况下擅自进行发电机连接工作，并叫钻井技术员童某某在2#发电房后门递送联络线。10:40大班司机艾某某启动2#发电机组，随后安装1#与2#发电房之间的走道板，童某某对2#发电机组的启动状态未作反应。10:45司助张某从2#发电房侧门进入，对柴油机加速至额定转速后，在未对配电设施进行检查的情况下合闸送电，随后到VFD房去查看配电情况。此时童某某正在递送第4根联络线，呼喊雍某无人应答，立即进入2#发电房，发现雍某背靠配电屏右侧门侧卧在地。童某某立刻呼喊副队长刘某，刘某获悉后立刻叫司机何某某按下紧急停车按钮并呼叫120将雍某送往医院，经诊断为右上臂烧伤。

2）事故原因分析

围绕顶上事件，调查分析基本原因事件，逐层展开分析，创建事故树（图2-68）。

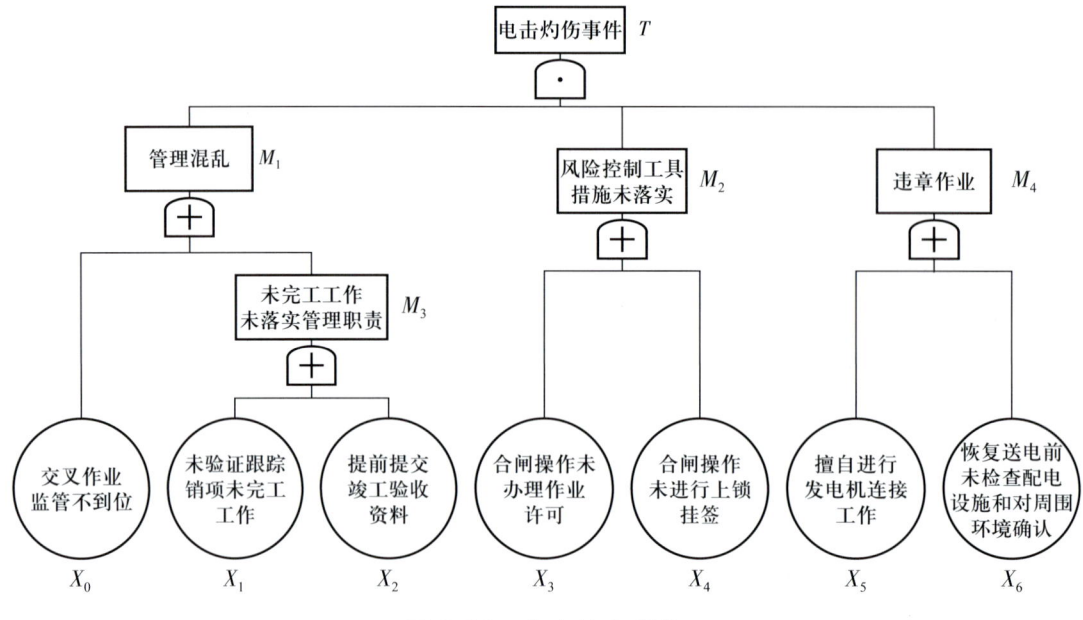

图 2-68 电击灼伤事件

事故原因解析：

（1）违章作业。电工雍某在未告知值班干部的情况下擅自进行发电机连接工作，违反公司钻井作业安全"保命"条款有关"严禁不办理作业许可进行高危作业"和"严禁不上锁挂签进行检维修作业"的规定。

（2）未进行作业前安全分析。司助张某在2#发电机组恢复送电前未检查配电设施和对周围环境确认及进行安全分析，导致雍某被电击灼伤。

（3）未严格执行交接制度。将发电机连接工作协商由雍某完成；谢某某和杨某在告知雍某而未告知钻井队干部的情况下离开井场。

（4）钻井作业现场管理不到位。值班干部对作业现场存在的风险识别不够，未对死角盲区进行巡查，对现场交叉作业监管不到位。大班司机对区域人员的风险提示不够，对过程风险控制不到位。

（5）现场管理工作失职。未对作业现场未完成工作进行跟踪和销项，对员工离开井场的情况未与钻井队干部进行沟通和工作交接。

（6）钻井队对水电安装作业验收不严格。在未完成发电机连接工作的情况下提前递交竣工验收资料；钻井队在发电机连接工作未完成的情况下进行签字验收。

3）预防措施

（1）作业现场应加强对员工的教育培训，督促、指导员工落实与执行。

（2）严格执行作业许可制度。员工在作业前应对工作内容进行风险识别与控制，严格作业许可的审批，用电作业必须落实能量隔离措施，实施上锁挂签程序。

（3）严格落实现场工作交接与验收程序。钻井作业现场应加强与相关方的配合和沟通，明确各自的管理与安全职责。钻井队干部严禁工作未完成提前进行签字验收；水电工程队现场负责人在水电安装工作完成验收合格后，最后离开作业现场。

（4）加强发电机送电前的安全检查。送电前应对仪器仪表、配电设施、周边环境加强检查和确认。中途停电时，应先停电后上锁挂签，恢复使用前应先检查，合格后方可供电。

（5）加强岗位配合与技术交底。作业前应加强各岗位之间的沟通协调，明确工作内容与责任人，做好岗位间的相互监护。

（6）强化员工安全意识和培训。加强员工对工作安全管理程序及风险控制工具应用的培训教育，提高安全意识与风险识别能力。

（7）强化现场干部监管力度。对进入作业现场的人员加强监控，对死角盲区加强巡回检查。

3. 伴热带起火事件

1）事故经过

2011年1月20日某化工厂生产车间员工刘某等三人在巡检至2#分离器附近时，闻到一股明显橡胶烧焦的味道，刘某在对该分离器周围仔细检查后发现该分离器排液阀保温壳处有较为明显的白色烟雾，并且能看到较为微弱的火花，当班人员立即采取措施进行灭火。

2）事故原因分析

围绕顶上事件，调查分析基本原因事件，逐层展开分析，创建事故树（图2-69）。

图 2-69 伴热带起火事件

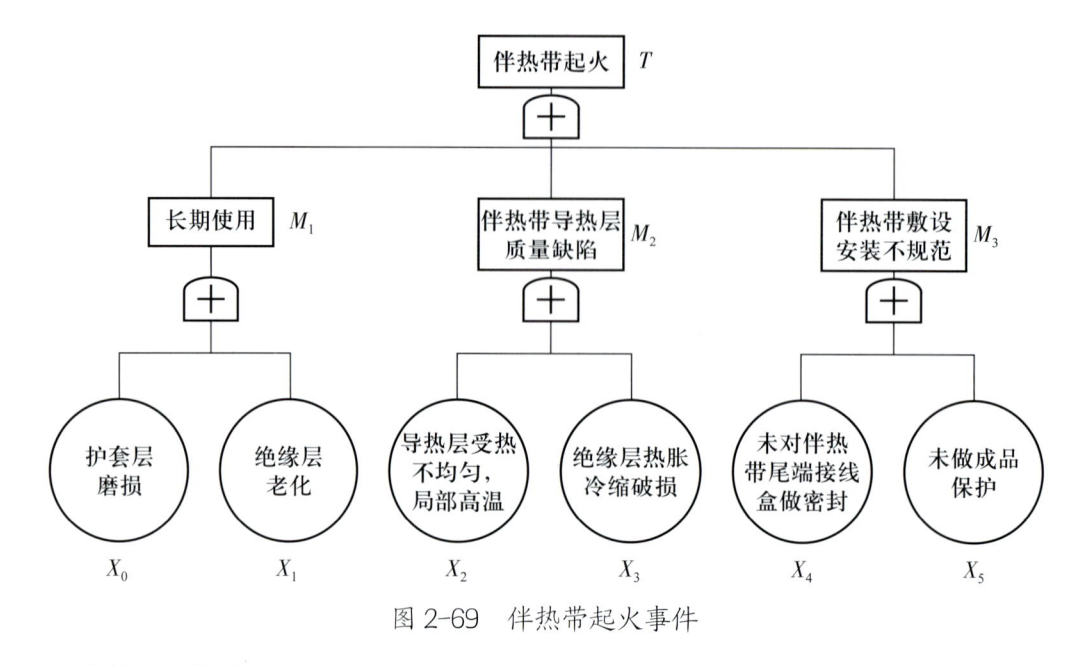

事故原因解析：

（1）电伴热带护套层与保温铁皮摩擦，护套层出现磨损，内部金属导线与保温铁皮接触产生放电，导致着火。

（2）电伴热带长期使用，绝缘层和护套层存在老化，从而导致金属导线短路打火。

（3）电伴热带内部导热层存在质量缺陷，导致受热不均匀，局部温度过高，从而引发起火。

（4）绝缘层热胀冷缩，露出导电部分，引起漏电起火。

（5）未安装尾端接线盒做密封，在尾端受潮后，极易引起短路、起火。

（6）电伴热带在安装过程中，并未对电伴热带做成品保护，踩踏、拖拽、拉扯、扭曲电伴热带，造成内部线芯变形受损，长时间大功率高温工作的状态下受损的线芯发热不均匀，局部温度过高，引发起火。

3）预防措施

（1）电伴热带采用缠绕方式敷设时，勿将伴热带超过最小弯曲半径（最小弯曲半径不小于电缆厚度的六倍），过度弯曲或折叠。

（2）电伴热带在敷设时，不要打折，不得承受过大的拉力，禁止冲击锤打，以免损伤绝缘层，发生短路现象。安装时，安装处上部绝不允许进行焊接、吊装等作业，防止电焊熔渣溅落到电伴热带上损坏绝缘层。确认被伴热的管道或设备已经验漏合格，其表面无刺，尖锐边棱已经打磨光滑平整。

（3）电伴热带的尾端应用接线盒密封，不可将两根平行导线相连接，避免短路发生。

（4）安装电伴热带应加装过流保护装置，电路中必须设置可靠的过流保护措施，对每个伴热带保温系统设置保险熔断器，使配电系统有过载、短路、漏电保护功能。

（5）电伴热带安装后，均应进行漏电测试，日常管理过程中应定期进行测试，保证其正常运行。

（6）定期检查时，检查所有电伴热带保温材料外部的防护层有无损伤，所有的接线盒及接线点和温控器（恒功率）是否受到腐蚀和潮气的侵蚀，电伴热带温控器温度控制点是否准确，控制电缆是否腐蚀、破损，配电箱内熔断器、指示灯等是否正常。

4. 吊装井口装置触电事故

1）事故经过

2019年10月30日11:20左右，××运输承包商在××765注水井搬迁吊装作业，王某某、马某将井口装置的吊绳捆绑完毕，起重机司机贺某某完成逃生滑索基墩的吊装，在未接到吊装指挥指令的情况下私自将吊臂仰臂转向注水井井口装置位置过程中，小吊钩钢丝绳与高压线C相线接触，摆向马某，马某在迎接小吊钩时双手与钢丝绳接触，马某身体与大地形成回路，发生触电事故，手抓吊绳，身体侧转向注水井口装置，造成马某死亡。

2）事故原因分析

围绕顶上事件，调查分析基本原因事件，逐层展开分析，创建事故树（图2-70）。

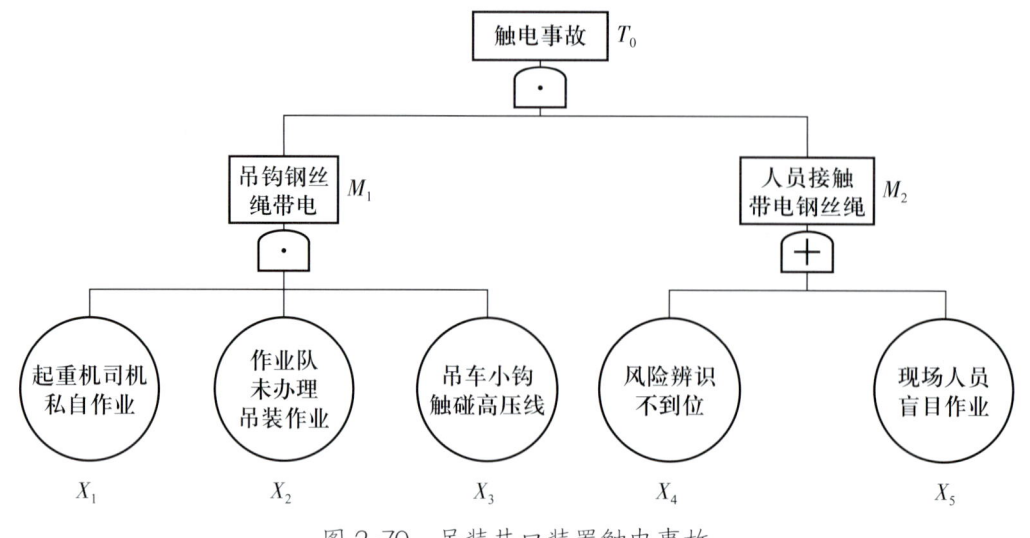

```
                          触电事故 T₀
                              ·
            ┌─────────────────┴─────────────────┐
       吊钩钢丝绳带电 M₁                    人员接触带电钢丝绳 M₂
            ·                                   +
     ┌──────┼──────┐                    ┌───────┴───────┐
  起重机司机  作业队    吊车小钩           风险辨识         现场人员
  私自作业  未办理    触碰高压线         不到位           盲目作业
          吊装作业
    X₁      X₂         X₃               X₄              X₅
```

图 2-70 吊装井口装置触电事故

事故原因解析：

（1）直接原因：吊车小吊钩钢丝绳触碰 10kV 高压线带电，员工马某双手接触钢丝绳触电。

（2）间接原因：

① 流动式起重机司机未接到吊装指挥指令，吊装处于井场外 10kV 高压线下方的注水井口装置。

② 井下作业公司大修队副队长刘某某临时安排吊装高压线下方的 ××765 注水井井口装置，该项高危作业未办理吊装作业许可证。

③ 吊车吊装注水井井口装置过程中，吊臂旋转并伸展至高压线正上方，小吊钩钢丝绳触碰 10kV 高压线带电。

3）预防措施

（1）抓关键，加强高危作业管控。完善安全风险分级管控和隐患排查治理双重预防机制，严格风险作业公示，高危作业方案审批管理，将关键点和高风险作业与施工组织同时部署，严格现场监管和监护。

（2）严抓执行，确保作业风险受控。严格落实 JSA 安全确认的现场执行，管理手册、操作手册落地执行，特种（设备）作业人员实操评估。作业许可专项培训公示上岗，确保风险有效管控。

（3）进一步细化岗位责任制，完善安全生产责任清单，明确属地监管职责，加大重点领域、要害部位、关键装置和特殊时段的监督力度，严格考核，对发现问题按照属地管理、直线责任追溯。

5. 解冻施工作业发生触电事故

1）事故经过

2001年4月5日15:30左右，油矿队五名工人，在某计量间水井进行电解冻施工过程中，一名工人在拽动裸铝电缆时，导致电缆与6kV电源线其中一项接头处相碰，由于6kV电源与变压器接线中间处接头加绝缘胶带耐压不够而发生击穿放电，使其所拽的电缆带电，触电死亡。

2）事故原因分析

围绕顶上事件，调查分析基本原因事件，逐层展开分析，创建事故树（图2-71）。

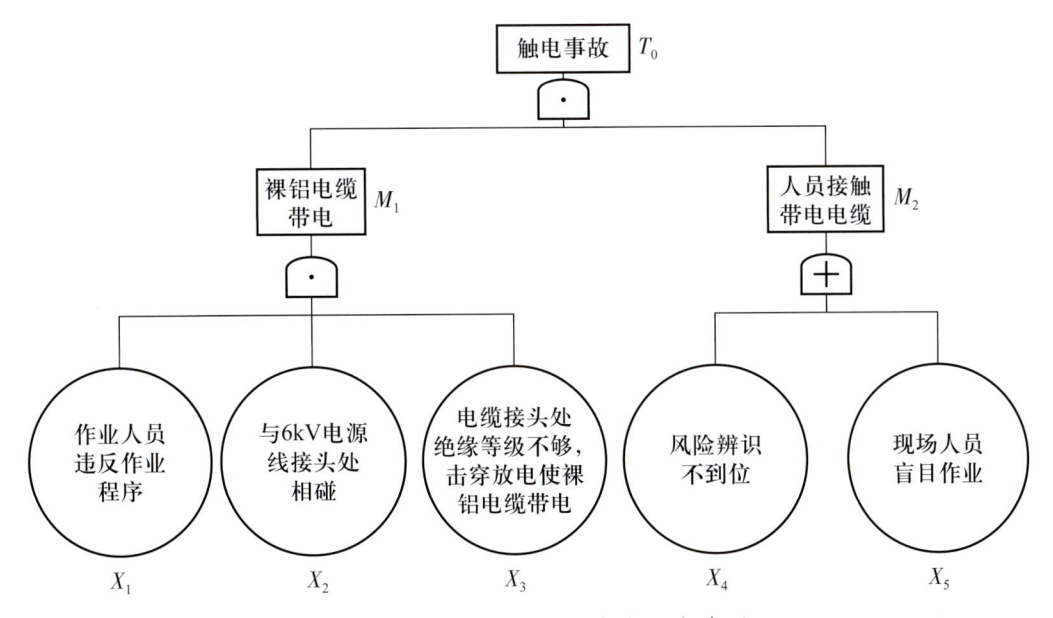

图 2-71 解冻施工作业发生触电事故

事故原因解析：

（1）直接原因：员工在拽动裸铝电缆时与6kV电源线接头处相碰，触电死亡。

（2）间接原因：

① 作业程序颠倒：应先敷设解冻电缆，后接通变压器。而现场实际情况是在未敷设解冻电缆前就已将6kV高压接入变压器。

② 解冻电缆无绝缘保护层。

③ 电缆接头处绝缘胶带包裹不标准，绝缘等级不够，当电缆拽动摩擦时，高压放电。

④ 油矿队违规安排本队油矿工施工并接电，违反了高压用电操作规程。

⑤ 施工人员缺乏安全常识，盲目施工，没有意识到6kV高压的危险性。

3）预防措施

（1）要按电气安全规程进行作业操作，涉及6kV线路的施工，必须经电力调度同意，具体操作由电力调度统一安排。

（2）电气操作应由专业的倒闸工或高压电工执行，严禁擅自操作。

（3）进行工作前安全分析，辨识出每个操作步骤存在的风险。

6. 检修抽油井电气线路触电事故

1）事故经过

2005年4月21日，电工A某、B某到某井处理电路故障，经检查判定为交流接触器损坏，A某拉下配电盘空气开关，验证空气开关输出无电，A某没有按监护人B某提醒断开变压器二次开关，便开始更换交流接触器，因戴手套固定交流接触器的固定螺栓不方便操作，便脱下防护手套。固定完交流接触器后，A某左手扶在配电盘入箱电缆钢铠端头处，右手向内推配电盘盘体，突然发生触电，经抢救无效死亡。

2）事故原因分析

围绕顶上事件，调查分析基本原因事件，逐层展开分析，创建事故树（图2-72）。

事故原因解析：

（1）直接原因：钢铠电缆带电，电工A左手抓钢铠电缆，右手接触配电盘，电流经由钢铠电缆、左手、人体、右手、配电盘到大地构成一个回路，是事故发生的直接原因。

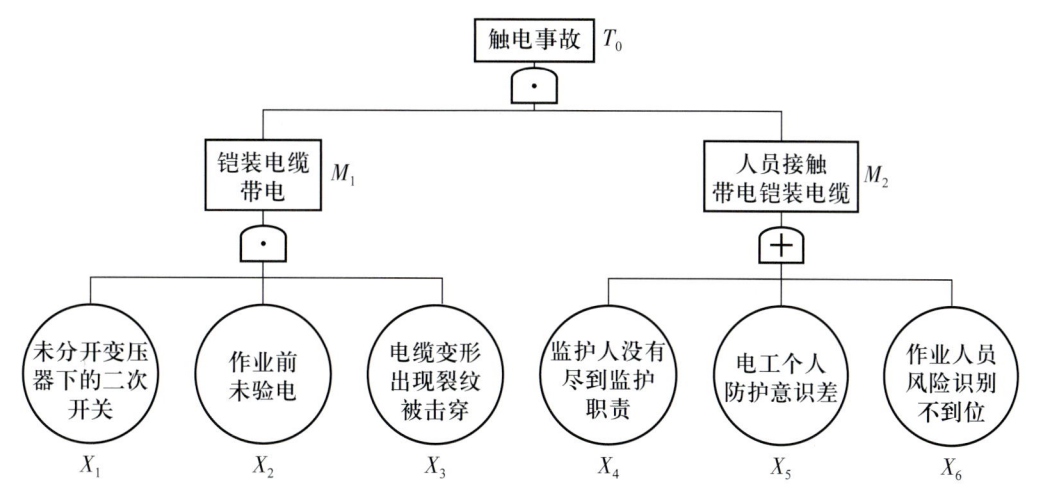

图 2-72 检修抽油井电气线路触电事故

（2）间接原因：

① 在操作过程中电工 A 有可能触碰进入空开的电缆，但其在作业前没有分开变压器下的二次刀闸开关，在断开空气开关后，未对可能触及的电缆等进行验电检查，以至没有发现铠装电缆被击穿、带电的隐患。

② 现场监护人 B 没有尽到监护职责，对电工 A 摘绝缘手套的违规操作没有制止。监护人没有尽到监护职责。

③ 工区安全检查存在死角，未能发现电缆在冬季环境条件下或因牲畜的踩踏已变形出现裂纹，没有及时发现电缆长期裸露在地表的隐患和整改。

3）预防措施

（1）电气作业人员应具备专业资质。

（2）作业前，进行工作前安全分析，确定操作步骤和每个步骤的操作风险的规避措施。

（3）电气维修作业，断电操作后，务必对可能接触碰到的导线、电器外壳进行验电。

（4）抽油机配电箱内的电气维修，要拉开变压器下的二次开关。

（5）现场严格按照工作前安全分析确定的措施进行操作，现场监督人员要履行监督职责，严禁操作者实施多余的操作动作，操作者要服从监护人的监督。

7. 恢复电力发生触电事故

1）事故经过

2017年4月19日，某公司110kV变电站进行6kV线路3015开关柜内装置检修工作，上午10：44检修工作结束，10：54值班员A根据电力调度命令进行"3015开关由检修转运行"操作，当进行完"合上3015-2刀闸"操作回到变电站控制室准备进行"合上3015开关"操作时，发现变电站操作监控系统显示3015-2开关存在故障，随即，值班员A与另一名值班员来到3015开关柜前检查3015-2刀闸状况，在检查过程中开关柜内突然放出高压电弧，导致值班员A当场死亡。

2）事故原因分析

围绕顶上事件，调查分析基本原因事件，逐层展开分析，创建事故树（图2-73）。

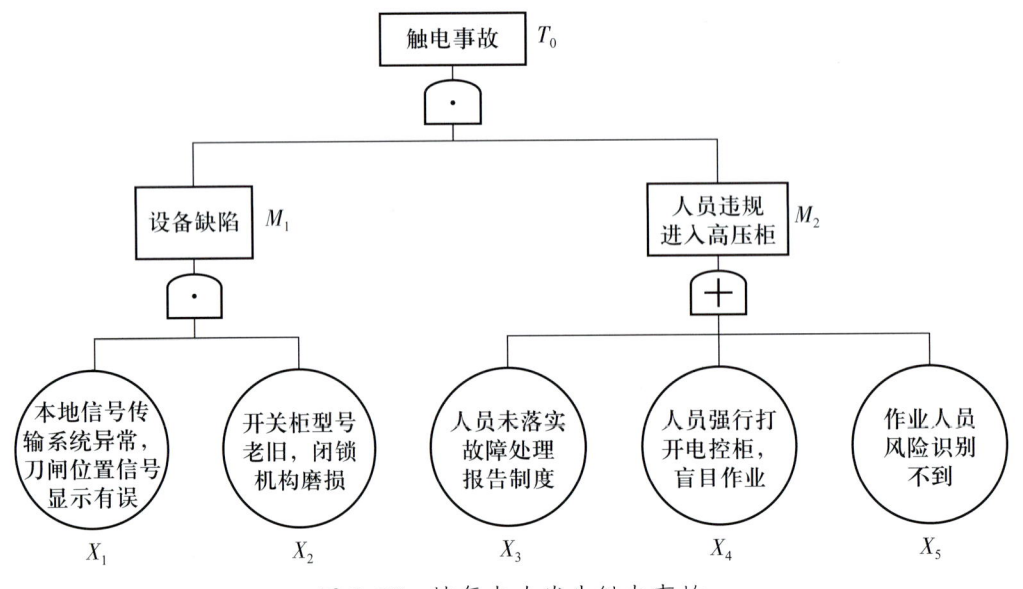

图 2-73 恢复电力发生触电事故

事故原因解析：

（1）直接原因：值班员A违规进入高压开关柜，遭受6kV高压电击。

（2）间接原因：

① 本地信号传输系统异常，刀闸位置信号显示有误。同时采集信号的电

力公司生产调度中心、监控中心显示 3015-2 刀闸为合入状态，而变电站主控室监控屏显示分断状态。

② 超出岗位职责，违章进行故障处理。变电站两名值班人员发现 3015-2 刀闸没有变位指示后，没有执行报告制度，也没有向电力公司生产调度中心进行核实，而是蛮力操纵刀闸，强力扭开柜门，探头、探身进柜内，违反了本单位《变电站运行规程》。

③ 3015 开关柜型号老旧，闭锁机构磨损，防护性能下降，在当事人违规强行操作下闭锁失效，柜门被打开。

3）预防措施

（1）加强岗位员工培训，严格按照操作规程作业，杜绝习惯性违章。

（2）加强设备设施的隐患排查、维护保养，保证设备设施的完整性。

（3）开展全员安全教育培训，提高全员安全意识，增强风险防范、自我保护和应急避险能力。

（4）强化施工作业现场管理，开展作业前安全分析，认真按照施工作业程序、施工方案进行施工作业。

8. 人员触电事件

1）事故经过

某年某月某天，某钻井队正在进行钻进作业，由于前一日下雨，井场部分区域积水，技术员小刘在日常巡检过程中，发现远控台电源线有一段浸泡在水洼中，欲将电源线捞出做架空处理。而在捞取过程中发生触电，小刘被当场击晕、倒在水洼里。值班干部立即组织对其进行救援，最终脱险。送医检查发现小刘左手被击伤。

2）事故原因分析

围绕顶上事件，调查分析基本原因事件，逐层展开分析，创建事故树（图 2-74）。

事故原因解析：

（1）小刘徒手接触浸泡在水中未断电的电缆接头，发生漏电造成自己触电，是这次事件的直接原因。

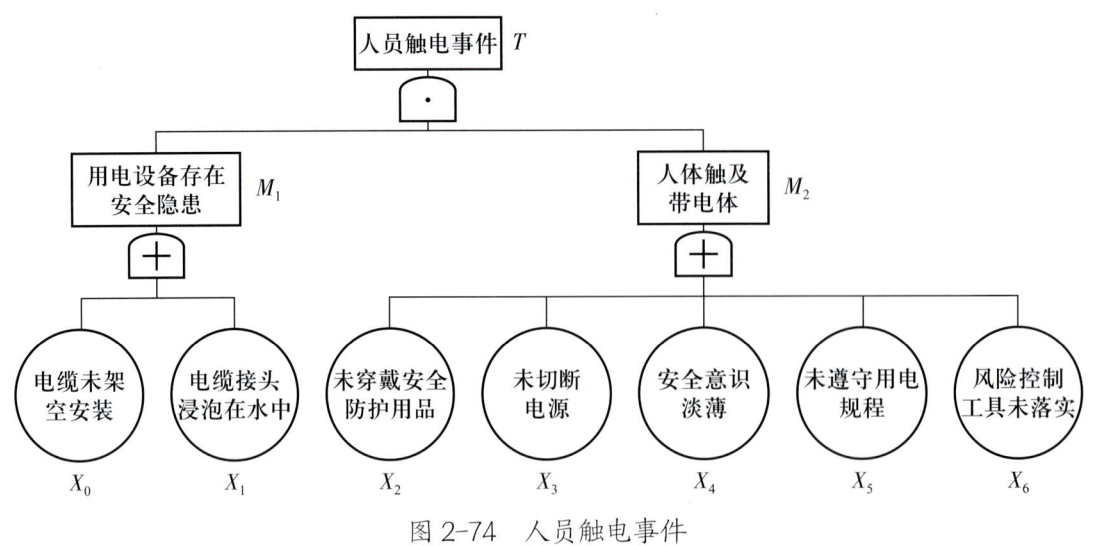

图 2-74 人员触电事件

（2）小刘安全用电意识不强，没有识别出电缆接头浸泡在水中存在漏电的风险；没有切断电源，也没有穿戴绝缘鞋、绝缘手套等安全防护用品。

（3）钻井队安装标准低，对电源线走向及铺设方式没有合理规划，对电缆接头更没有采取架空处理。

（4）安全用电、风险辨识培训不到位，导致岗位员工缺乏风险意识和自我防范意识，也没有严格落实相应的规章制度和消减防控措施。

3）预防措施

（1）持续做好安全知识、风险意识和安全技能的培训，要让岗位员工不但要知其然，更要知其所以然，甚至要知其必然，努力提高员工的安全意识和风险防控意识，从而主动去识别、防范作业风险，把规章制度和制订的消减防控措施落在实处。

（2）规范线路安装，结合作业现场用电设施的分布，合理分配线路负荷，规划线路走向、铺设方式和防护措施，杜绝随意剪接电线，特别要杜绝像事故中电线接头落地浸泡在雨水里的低级现象和违章行为发生。

（3）加强作业现场安全用电专项检查的频次和电路隐患整改的力度。

9.野营房电路打火事件

1）事故经过

2014年4月27日7:20，某钻井队营地0064号野营房储物柜里墙壁上埋设的电路打火，住房内人员及时发现后断电，取出柜内物品，未造成人员受伤和财产损失。

2）事故原因分析

围绕顶上事件，调查分析基本原因事件，逐层展开分析，创建事故树（图2-75）。

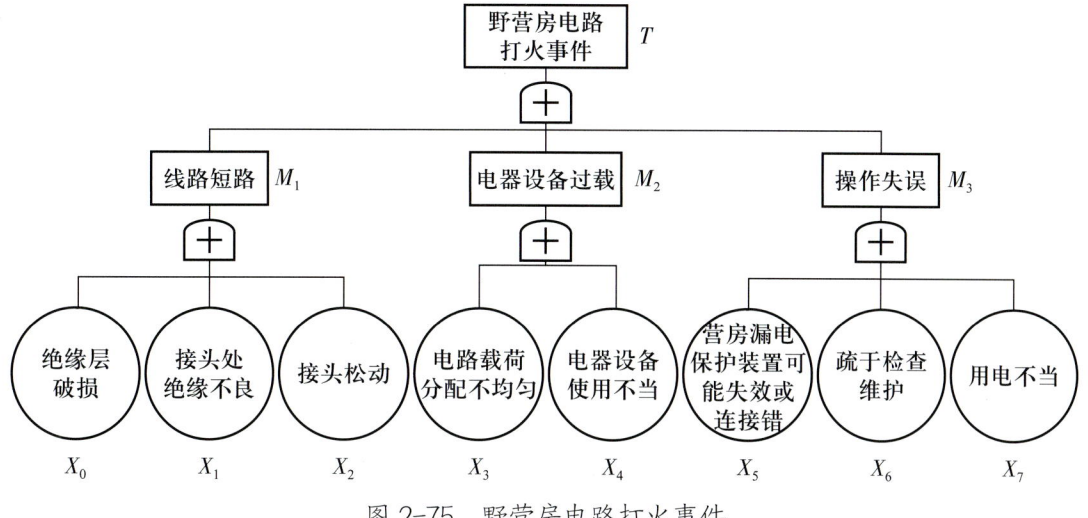

图2-75 野营房电路打火事件

事故原因解析：

（1）野营房电路埋设可能存在绝缘层破损、接头处绝缘不良、接头松动等缺陷。

（2）野营房电路载荷分配不均匀，存在单项过载发热。

（3）营房内电器设备使用不当。

（4）营房漏电保护装置可能失效或连接错误。

3）预防措施

（1）按照野营房制造商提出的要求合理使用电气设备，杜绝私接乱拉和使用大功率电器设备。

（2）定期检查营房电路，包括连接接头外观检查、电路载荷和导线及接头温度检测、营房接地检查后电阻测量、漏电保护器手动复位测试等。

（3）坚持人走断电，尤其各类电子产品充电时必须有人监护。

第三节　评价单元划分

结合井筒施工作业现场实际，拟按照"供电系统、输电线路、用电设备、安全管理"划分评价单元（图2-76），其中供电系统主要包括发电设备、配电系统、井场等电位联结、静电及雷电防护等；输电线路主要指从配电房到用电设备之间的输电线缆及控制开关、插座、配电箱、接线盒等；用电设备包括现场使用的电气设备、电动工具及电工工具等；安全管理主要从管理制度、人员培训资质、作业许可、上锁挂签等方面细化检查表。

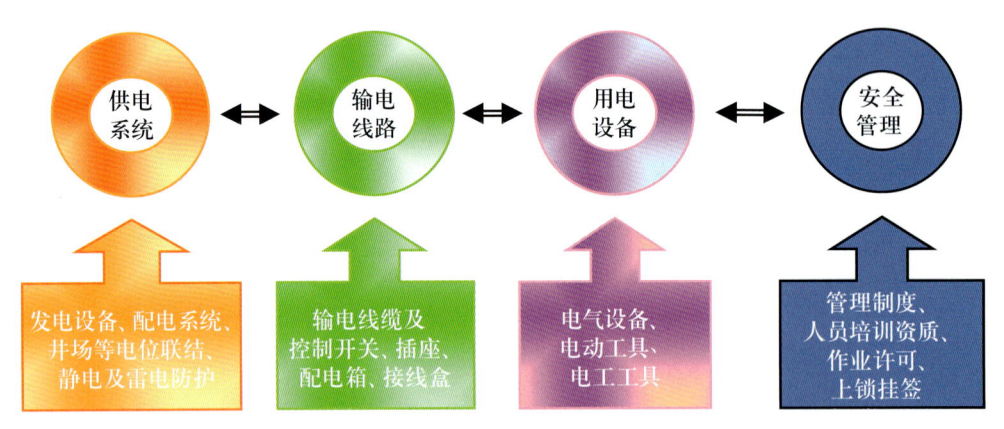

图2-76　"供电系统、输电线路、用电设备、安全管理"评价单元

第四节　建立评价模型

一、供电系统安全评价

评价模型：故障类型及影响分析（FMEA）。

以石油及天然气井筒施工作业现场供电系统（包含发电设备和配电系统、井场等电位联结、静电防护和雷电防护系统）为评价对象，通过故障类型及影响分析，找出常见故障类型，分析故障原因及危害，结合相关标准提出日常辨识和控制措施，为编制检查表和提出规范管理意见提供依据。井筒施工作业现场供电系统故障类型及影响分析表见表2-3，安全检查表见表2-4。

第二章 电气安全评价技术

表2-3 井筒工作业现场供电系统故障类型及影响分析表

分析元素	故障类型	故障影响	故障原因	故障辨识	校正/处置措施
发电房、气源房	距离井口小于30m	火灾爆炸风险增大	井场限制，摆放错误	目测检查，仪器测量	与井口保持30m以上距离
	距离油罐小于20m	火灾爆炸风险增大	井场限制，摆放错误	目测检查，仪器测量	与油罐保持20m以上距离
	未使用木质地板	绝缘性能差，容易触电	制造缺陷，验收不严格	目测检查	使用木质地板或在地板上铺设绝缘胶皮
	金属地板未铺设绝缘胶皮	绝缘失效，容易触电	安装维护不当	目测检查	使用木质地板或在地板上铺设绝缘胶皮
	室内杂物、油污未清理	通道不畅，容易着火	管理缺陷	目测检查	保持内部清洁，无油污等易燃物
	发电机外壳未接地	外壳带电引发触电伤害	管理缺陷，安装维护不当	目测检查	发电机外壳接地，接地电阻小于4Ω
	未配备消防器材	不能及时扑灭火灾	管理缺陷，资源配置不到位	目测检查	配置8kg二氧化碳灭火器2具
	发电机外壳未与井场总等电位联结连接	外壳带电	管理缺陷，安装维护不当	目测检查	发电机外壳必须与井场总等电位联结母线进行连接
	防爆分线盒电缆引入装置未装压帽	失去防爆性能	安装维护不当	目测检查	防爆分线盒电缆引入装置用压帽压实
	照明灯具、开关外壳破损，电缆引入松动	绝缘失效	安装维护不当，使用不当	目测检查	照明灯具，开关外壳完好，电缆引入用压帽压实

续表

分析元素	故障类型	故障影响	故障原因	故障辨识	校正/处置措施
发电房、气源房	除充电机外，未经电控房直接从发电房取电	控制失效，设备损坏，人员触电	管理缺陷，安装维护不当	目测检查	所有线路必须经电控房引出
	控制开关壳体破损，或者接线头处无挡盖	隔离失效，容易触电	安装维护不当，使用不当	目测检查	控制开关壳体完好，部件齐全
	控制柜未与井场总等电位联结电缆连接	外壳带电	管理缺陷，安装维护不当	目测检查	控制柜与井场总等电位联结母线进行连接
VFD（MCC）房	室内温度、气味异常	电器元件老化，引起火灾	管理缺陷，设计缺陷	目测检查、测试	VFD（MCC）房室内温度不超过22℃，无异味
	地板绝缘垫破损	绝缘性能下降，可能触电	管理缺陷，防护不当	目测检查	VFD（MCC）房地板绝缘垫完好
	控制柜开关标识缺失	误操作导致人员触电伤害或设备损坏	管理缺陷	目测检查	控制柜开关应标识清楚
	总等电位联结电缆未有效连接	漏电保护失效，可能触电	安装维护不当，管理缺陷	目测检查	电控房、MCC房、顶驱房内所有电器设备保护接地及金属构件应统一接到接地母排上，形成房内区域或局部等电位连接
	出线柜电缆插头松动或发热	设备损坏，电缆过热引发火灾	安装维护不当，防护不当	目测检查	定期检查电缆插头发现松动、损坏，及时处理更换

第二章　电气安全评价技术

续表

分析元素	故障类型	故障影响	故障原因	故障辨识	校正/处置措施
VFD（MCC）房	MCC 房总柜内未配置电力避雷器	雷击伤害，火灾，设备损坏	安装维护不当，资源配置不当	目测检查	MCC 房总柜内应配备电力避雷器
	井控房、电磁刹车和场地照明等用电设备，未在电控房内 MCC 总开关前端分设检修开关，单独取电	控制失效，人员伤害，财产损失	安装维护不当，管理不善	目测检查	井控系统照明、场地探照灯、电磁刹车电源应从配电室控制屏处设置专线
井场保护接零	井场电气设备保护接零不通	漏电保护功能失效，引发触电、雷击、电气火灾	安装维护不当，长期使用，管理不善	目测检查，仪器测量	电气设备的金属外壳应同时接地、接零，零线回路中不允许装设熔断器和开关，接线连接可靠，无断丝断股现象，接触面适宜，接触阻值达标
	发电房接地线桩埋入地下，不便检测	失效后不能及时将电流导入地线，剩余电流造成人员触电危害	安装维护不当	目测检查	接地桩 1.2m，埋入地下 1m 以上，露出地面 10cm 以上
等电位联结	等电位接线桩设置在安全通道处	阻挡安全通道，容易碰掉导致连接失效	安装维护不当	目测检查	等电位接线桩应设置在人员较少走动的位置
	MCC 房多根等电位电缆接在一个接地螺栓上	接地电阻过大，外壳带电，造成触电	安装维护不当	目测检查，仪器测量	设置对角两处接地螺栓，通过引下线与接地体连接，接地体电阻应不大于 4Ω

73

续表

分析元素	故障类型	故障影响	故障原因	故障辨识	校正/处置措施
等电位联结	电气设备等电位联结未接通	等电位联结失效，形成电势差，触电伤害	安装维护不当	目测检查、仪器测量	井场内涉及设备运行及用电安全的金属构件，采用总等电位联结母线进行联结
	在PE回路上安装保护电器或开关	保护接零失效，可能导致触电伤害	安装维护不当，使用不当	目测检查、验证检测	不得在保护导体PE回路中装设保护电器和开关，但允许设置只有工具才能断开的连接点
	发电房、VFD房、MCC房、顶驱房、综合录井房、会议室等需要预防直击雷损害的重要金属构件，未在房体对角线处同时与总等电位联结母线进行两处连接	设备损坏，雷击伤害	安装维护不当	目测检查	发电房、VFD房、顶驱房、MCC房、综合录井房、地质房、队长室及会议室等需要预防直击雷损害的重要金属构件，应在房体对角线处同时与总等电位联结母线进行两处联结
	等电位联结母线在井场后场、VFD房、顶驱房、录井房处重复接地，或者接地电阻大于4Ω	接地电阻过大，漏电造成人员触电伤害；供电异常造成设备烧毁	安装维护不当	目测检查	等电位联结母线应在井场后场、VFD房、顶驱房、录井房处重复接地，工频接地电阻值应不大于4Ω

评价标准：

表 2-4　供电系统安全检查表

检查人：　　　　　　　检查日期：　　　　　　　编号：

序号	检查内容	检查结果
1	发电房、气源房与井口保持 30m 以上距离	是□　否□
2	发电房、气源房与油罐保持 20m 以上距离	是□　否□
3	发电房使用木质地板或在金属地板上铺设绝缘胶皮	是□　否□
4	发电房、气源房内部清洁，无油污等易燃物	是□　否□
5	发电房配置 8kg 二氧化碳灭火器 2 具	是□　否□
6	发电机外壳必须与井场总等电位联结母线进行连接	是□　否□
7	照明灯具、开关外壳完好，电缆引入用压帽压实	是□　否□
8	所有线路必须经电控房引出	是□　否□
9	控制柜与井场总等电位联结母线进行连接	是□　否□
10	VFD（MCC）房室内温度不高于 22℃，无异味	是□　否□
11	VFD（MCC）房地板绝缘垫完好	是□　否□
12	VFD（MCC）房控制柜开关应标识清楚	是□　否□
13	电控房/MCC房/顶驱房内所有电器设备保护接地及金属构件应统一接到接地母排上，形成房内区域或局部等电位联结	是□　否□
14	MCC 房总柜内配备电力避雷器	是□　否□
15	井控系统照明、场地探照灯、电磁刹车应从配电室控制屏处设置专线	是□　否□
16	发电房接地桩 1.2m，埋入地下 1m 以上，露出地面 10cm 以上	是□　否□
17	发电房等电位接线桩设置在人员较少走动的位置，避开安全通道	是□　否□
18	电控房、MMC 房、顶驱房应有统一的保护接地，接地电阻小于 4Ω	是□　否□
19	井场内凡涉及设备运行及用电安全的金属构件，采用总等电位联结母线进行联结	是□　否□
20	不得在保护导体 PE 回路中装设保护电器和开关，但允许设置只有工具才能断开的连接点	是□　否□
21	发电房、VFD 房、顶驱房、MCC 房、综合录井房、地质房、队长室及会议室等需要预防直击雷损害的重要金属构件，应在房体对角线处同时与总等电位联结母线进行两处联结	是□　否□
22	等电位联结母线应在井场后场、VFD 房、顶驱房、录井房处重复接地，工频接地阻值应不大于 4Ω	是□　否□

二、输电线路安全评价

评价模型：事件树（FTA），见表 2-5。输电线路安全检查表见表 2-6。

表 2-5 电气设备断电事件树分析

初始事件 A	安全措施 B	安全措施 C	安全措施 D	安全措施 E	安全措施 F	安全措施 G	事故序列
电器设备运行中突然断电	电器控制开关启动过载保护	检查供配电系统设备运行及输电线路相平衡，消除故障	检查、测试电气设备保护接零、接地，消除故障	检查电气设备、控制开关、电控箱接线桩，消除故障	检查输电线路及中间接头连接，消除故障	检查井场等电位联结、防雷、防静电接地	

事件树图示：
- S1 成功：B→C→D→E→F→G
- S2 失败：B→C→D→E→F→$\overline{G}$
- S3 失败：B→C→D→E→$\overline{F}$
- S4 失败：B→C→D→$\overline{E}$
- S5 失败：B→C→$\overline{D}$
- S6 失败：B→$\overline{C}$
- S7 失败：$\overline{B}$

通过事件树分析，消除电气设备运行中突然断电故障，只有一条成功途径，即由 BCDEFG 逐项落实安全措施。否则，如果任意一条安全措施不落实，就会出现 6 个失败结果，即：$A \to \overline{B}$；$A \to B \to \overline{C}$；$A \to B \to C \to \overline{D}$；$A \to B \to C \to D \to \overline{E}$；$A \to B \to C \to D \to E \to \overline{F}$；$A \to B \to C \to D \to E \to F \to \overline{G}$。这六个路径都可能造成电气设备因输入电压不稳定或无输入而不能正常运行。

评价标准：

表 2-6　输电线路安全检查表

检查人：　　　　　　　　　　　　　　　　　　　　检查日期：

序号	检查内容	检查结果 是□	否□
1	距井口 30m 以内的电气系统中，所有电气设备应符合防爆要求		
2	井场应敷设总等电位联结母线，采取 25mm² 铜芯电缆或 35mm² 铝芯电缆，其总长度不大于 150m，总等电位联结电阻值不大于 0.03Ω		
3	井场主电路采用 YCW 型防油橡套电缆，照明电路采用 YZ 型电缆		
4	井场内严禁架设裸线，高压线与井口距离不少于 80m		
5	电缆敷设应避免与其他管线交叉，且远离易燃易爆物及其他热源		
6	井场架空线路不得跨越油罐、柴油机排气管和放喷管线出口		
7	导线绝缘层不得破损、腐蚀，中间接头接触牢固、可靠、绝缘		
8	导线接线端子与导线绝缘层的空隙处应采用绝缘带包缠严密		
9	地面敷设电气线路应使用电缆槽集中排放，且工作电缆、备用电缆、动力及控制电缆宜分开，并进行防火分隔		
10	井场电路架空高度不低于 3m，不得用铝线、单股铁丝作拉线；所有架空线的截面积不得小于 10mm²，接户线的截面积不小于 4mm²		
11	金属结构活动房进户线应采用绝缘穿管防护，进户钢管设防水弯头		
12	机房、油水罐区电路采用耐油橡套电缆，应有电缆槽或电缆穿线管		
13	井场架空线路距离井架绷绳的距离不小于 2m，距油罐的水平距离不小于 3m，与柴油机排气管出口距离不小于 10m，距放喷管线出口的水平距离不小于 10m		
14	远程控制台、探照灯应设专线，钻台和井架二层台以上应分路供电，电缆与井架摩擦处应有防磨措施		
15	循环系统的动力及照明线路应穿槽、穿钢管及穿防爆挠性管敷设		
16	电气线路在爆炸危险场所中一般不应有中间接头，特殊情况须设中间接头时，必须在防爆接线盒（分线盒）内连接和分路		
17	钻台、机房、净化系统、井控装置的电器设备、照明灯具应分设开关控制		
18	安装在室外的各型开关必须安装在开关箱内，箱内进出线应设置在开关箱下方		
19	控制开关的保险丝，不能用铁、铝丝代替		

续表

序号	检查内容	检查结果 是□	否□
20	开关、插座、灯座外壳均应完好无损,带电部分不得裸露在外		
21	刀熔开关配备专用配电箱,开关胶盒、瓷底座、手柄等处无损坏		
22	负荷开关(铁壳开关)外壳必须接地,触头接触良好,机械联锁装置、外盖、插入式熔断器、灭弧装置完好		
23	磁力启动器隔爆腔盖螺栓齐全,接线腔电缆单线引入,密封有效		
24	井场配电箱内配自动空气断路器,箱内的进出线全部在配电箱下方;配电柜前地面应设置绝缘胶垫,面积不小于 $1m^2$;箱内外不准堆放任何杂物,附近不可堆放可燃物品		
25	配电箱、柜内的PE线不得串接,与活动部件连接的PE线必须采用铜质涮锡软编织线穿透明塑料管,同一接地端子最多只能压一根PE线,PE线截面应符合施工规范要求		
26	配电箱(柜)的金属部分,包括电器的安装板、支架和电器金属外壳等均良好接地,配电箱、柜的门、敷板等处装设电器,并可开启时以裸铜软线穿透明塑料管与接地金属构架可靠连接		
27	配电箱(柜)开关接线端子应与导线截面匹配;不等截面的两根导线严禁压在一个端子上,等截面的导线一个端子上最多只能压两根		
28	机房、钻井液循环罐照明电路,采用专用接线箱或防爆接插件,且要有防水措施		
29	航空插头接线压线板紧固,不松动,密封有效		

三、用电设备安全评价

评价模型:故障类型及影响、危险度分析法(FMECA)。

重点围绕电气设备、电动工具、电工工具等开展评价分析,找出常见故障类型,分析故障的危害因素及风险程度,结合相关标准、制度,提出预防控制措施,作为编制现场检查表的参考依据。

表 2-7　用电设备故障类型及影响、危险度分析评价表

评价元素	故障类型	故障影响	C1	C2	C3	C4	C5	Cs	分级	故障概率	建议措施
照明设备（照明灯具及其接线、控制开关）	灯具接线绝缘层破损或绝缘老化，防爆区域使用中间接头	导致绝缘失效，引发直接触电伤害事故，或引发可燃气体闪爆	1	0.5	1.5	1	0.8	4.8	Ⅱ	Ⅲ	电线绝缘层破损或老化应立即更换或用绝缘胶布缠绕，防爆区域电缆不允许有中间接头，需要连接时采用防爆接线盒
	防爆区域电缆入口防爆失效	产生电火花，引发可燃气体闪爆	3	1	0.7	0.7	0.8	6.2	Ⅱ	Ⅱ	电缆入口密封完好，不得一孔引入多线
	防爆区域未使用防爆灯具和控制开关，或者灯具、开关完体破损	产生电火花，引发可燃气体闪爆	3	1	0.7	0.7	0.8	6.2	Ⅱ	Ⅱ	防爆区域使用防爆照明灯和控制开关，灯具选择增安型行程开关，电子镇流器及灯管均为防爆型电子元件，灯具和控制开关外完好无损，带电部分不得裸露在外
电子加热装置	电源线路破损	绝缘失效，引发触电或电气火灾	1	0.5	1.5	1	0.8	4.8	Ⅱ	Ⅲ	电线绝缘层破损或老化应立即更换，防爆区域电缆不允许有中间接头，需要连接时采用防爆接线盒
	电子加热元件损坏、短路	漏电伤人或局部热量集中引发火灾	1	0.5	1.5	1	0.8	4.8	Ⅱ	Ⅲ	加强电子加热元件外观检查，根据元件寿命强制更换

续表

评价元素	故障类型	故障影响	故障危险等级评价							故障概率	建议措施
			C1	C2	C3	C4	C5	Cs	分级		
电动机	定子绕组缺相运行	无法正常启动，频繁启动可能烧毁电动机	1	1	1	1	0.8	4.8	Ⅱ	Ⅱ	电机安装前使用万用表检查相线是否正常，安装好试运行时禁止多次频繁启动
	定子绕组首尾反接	电动机转速下降，温升剧增，保护装置不动作容易烧坏电动机绕组	1	1	1	1	0.8	4.8	Ⅱ	Ⅱ	启动后观察电机运行声音、温度有无异常，检查保护装置是否灵活有效
	电机"壳带电"，绕组接地和短路	电流过大，电机发热，严重时烧毁电机	1	1	1	1	0.8	4.8	Ⅱ	Ⅱ	启动前检查电动机电路连接及接地情况，启动后观察电机运行声音、温度有无异常，发现异常或故障及时排除
	隔爆接线盒盖螺栓不齐、防爆失效	防爆失效，引发火灾	1	1	1	1	0.8	4.8	Ⅱ	Ⅱ	隔爆接线盒盖螺栓应上齐、有效密封
	隔爆接触面锈蚀	防爆失效，引发火灾	1	1	1	1	0.8	4.8	Ⅱ	Ⅱ	应在防爆面上涂抹机油或装置换型防锈油
	接线盒隔爆面锈蚀	防爆失效，引发火灾、触电伤害	1	1	1	1	0.8	4.8	Ⅱ	Ⅱ	定期对隔爆面做防腐除锈工作
	电缆引入未使用防爆挠性管	易受老化、腐蚀、磨损等影响，防爆失效，引发电路火灾	1	1	1	1	0.8	4.8	Ⅱ	Ⅱ	动力及照明用电缆应穿管及穿防爆挠性管敷设

第二章 电气安全评价技术

续表

评价元素	故障类型	故障影响	C1	C2	C3	C4	C5	Cs	分级	故障概率	建议措施
手持电动工具（手电钻、手砂轮、磨光机等）	电动工具外壳破损	外壳漏电，可能引发直接触电	3	1	0.7	0.7	0.8	6.2	Ⅱ	Ⅱ	手持电工工具外壳完好，并在电路上安装漏电保护装置
	电动工具控制开关破损	绝缘保护失效，可能导致触电	3	1	0.7	0.7	0.8	6.2	Ⅱ	Ⅱ	检查电动工具控制开关完好
	电动工具手柄部绝缘破损	绝缘保护失效，可能导致触电	3	1	0.7	0.7	0.8	6.2	Ⅱ	Ⅱ	剥线钳、电工刀等手工具手柄绝缘层完好
	多台电动工具使用一个控制开关	载荷过大，引发火灾，误操作	3	1	0.7	0.7	0.8	6.2	Ⅱ	Ⅱ	严禁一闸控制多个用电设备
	插头、插座破损	可能导致触电伤人	3	1	0.7	0.7	0.8	6.2	Ⅱ	Ⅱ	检查插头、插座完好
移动式电气设备（电焊机、充气泵、清洗机、切割机等）	接线柱、极板、接线端防护罩缺失、破损	绝缘保护失效，可能导致触电	3	1	0.7	0.7	0.8	6.2	Ⅱ	Ⅱ	检查电气设备外壳要进行防护性接地、接线端防护罩完好
	空载自动断电保护装置失效或未安装	漏电保护失效，外壳带电，容易触电	3	1	0.7	0.7	0.8	6.2	Ⅱ	Ⅱ	应应安装空载自动断电保护装置，确保有效
	机壳未接地（接零），或接线桩松动	外壳漏电，容易触电	3	1	0.7	0.7	0.8	6.2	Ⅱ	Ⅱ	电气设备机壳应有效接地
	电缆绝缘层破损，防爆区域有中间接头	漏电保护失效，外壳带电，容易触电	3	1	0.7	0.7	0.8	6.2	Ⅱ	Ⅱ	电线绝缘层破损或老化应立即更换，防爆区域电缆连接用防爆接线盒

81

续表

评价元素	故障类型	故障影响	故障危险等级评价							故障概率	建议措施
			C1	C2	C3	C4	C5	Cs	分级		
移动式电气设备（电焊机、充气泵、清洗机、切割机等）	电焊面罩破损或未正确使用	保护失效，容易灼伤	3	1	0.7	0.7	0.8	6.2	II	II	滤光片、保护片的尺寸要吻合，固定可靠无松动，金属部件不能与人体面部接触
	电焊钳手柄绝缘护套破损或缺失	可能导致触电	3	1	0.7	0.7	0.8	6.2	II	II	电焊手柄完好无破损，绝缘性能良好
	使用金属构件、管道等代替焊接电缆	容易触电	3	1	0.7	0.7	0.8	6.2	II	II	严禁使用金属构件、管道等代替焊接电缆使用
弱电设备（VFD房、电控系统、工业控系统、钻井参数仪、综合录井仪、报警装置等）	未有效接地（接零），或系统无防雷设计	遭受雷击，设备损坏、人员触电，引起火灾									弱电系统电缆应采取屏蔽敷设措施
											弱电系统控制面板上应装设浪涌抑制保护器，所有插接件使用防爆插接件
											MCC房总柜内应配备电力避雷器
			3	1	0.7	0.7	0.8	6.2	II	II	钻井参数仪主机的保护接地应与司控房保护接地与局部等电位联结端子可靠连接，传感器、防爆箱内进线端子处可安装防爆插接件，增安型、隔爆型、本安型信号采集器，其接地极应与金属构件可靠联结
											综合录井房内仪器内房内局部的保护接地及金属构件应与金属构件可靠联结
											视频监视系统的云台控制、摄像头控制、视频传输及其电源应采用屏蔽电缆

表 2-8 故障危险等级评价参考表

故障等级	影响程度	可能造车的损失	故障评点值 Cs
Ⅰ级	致命	可造成死亡或系统破坏	7～10
Ⅱ级	重大	可造成严重伤害、严重职业病或主系统损坏	4～7
Ⅲ级	轻微	可造成轻伤、轻职业病或次要系统损坏	2～4
Ⅳ级	较小	不会造成伤害和职业病，系统不会受到损坏	<2

表 2-9 故障评点取值参考表

评点因素	内容	点数
故障影响大小 C1	造成生命损失	5.0
	造成相当程度的损失	3.0
	元件功能有损失	1.0
	无功能损失	0.5
对系统的影响程度 C2	对系统造成两处以上的重大影响	2.0
	对系统造成一处以上的重大影响	1.0
	对系统无过大影响	0.5
发生频率 C3	容易发生	1.5
	能够发生	1.0
	不易发生	0.7
防止故障的难易程度 C4	不能防止	1.3
	能够防止	1.0
	易于防止	0.7
是否是新设计的工艺 C5	内容相当新的设计	1.2
	内容和过去相类似的设计	1.0
	内容和过去同样的设计	0.8
故障评价总点数 Cs	Cs=C1+C2+C3+C4+C5	

表 2-10 故障概率评价表

故障概率分级	定性评价描述	定量评级描述
Ⅰ级	故障概率很低：元件操作期间出现的机会可以忽略	元件工作期间，任何单个故障出现的概率，小于全部故障概率的1%
Ⅱ级	故障概率低：元件操作期间不易出现	元件工作期间，任何单个故障出现的概率，多于全部故障概率的1%而少于10%
Ⅲ级	故障概率中等：元件操作期间出现的机会为50%	元件工作期间，任何单个故障出现的概率，多于全部故障概率的10%而少于20%
Ⅳ级	故障概率高：元件操作期间易于出现	元件工作期间，任何单个故障出现的概率，多于全部故障概率的20%

评价标准：

表 2-11 用电设备安全检查表

检查人：　　　　　　　　　　　　　　　　　　　　检查日期：

序号	检查内容	检查结果	
1	照明灯具电源线路是否破损、老化	是□	否□
2	照明灯具电缆入口胶圈是否完整、防爆是否失效	是□	否□
3	灯具、控制开关壳体是否破损，密封是否失效	是□	否□
4	灯具开关、镇流器是否防爆	是□	否□
5	电子加热电源线路是否破损	是□	否□
6	电子加热装置加热元件是否损坏、短路	是□	否□
7	电动机定子绕组是否缺相运行	是□	否□
8	电动机定子绕组是否首尾反接	是□	否□
9	电动机是否"壳带电"、绕组是否接地、是否短路	是□	否□
10	电动机隔爆接线盒盖是否螺栓不齐，防爆失效	是□	否□
11	电动机隔爆接触面是否严重锈蚀	是□	否□
12	电动机接线盒隔爆面是否锈蚀严重	是□	否□
13	电动机电缆引入是否未使用防爆挠性管或挠性管损坏	是□	否□
14	电动工具外壳是否破损或接地不良	是□	否□
15	电动工具控制开关是否破损	是□	否□

续表

序号	检查内容	检查结果	
16	手柄部绝缘是否破损	是□	否□
17	多台电动工具是否使用一个控制开关	是□	否□
18	电动工具插头、插座是否破损	是□	否□
19	电气设备接线柱、极板、接线端防护罩是否缺失、破损	是□	否□
20	电气设备空载自动断电保护装置是否失效或未安装	是□	否□
21	电气设备机壳是否接地（接零），或接线桩松动	是□	否□
22	电气设备接地线中间是否有电缆接头	是□	否□
23	电焊机焊接电缆表皮是否破损	是□	否□
24	电焊面罩是否破损或未正确使用	是□	否□
25	电焊钳手柄绝缘是否失效	是□	否□
26	是否使用金属构件、管道等代替焊接电缆	是□	否□
27	井场弱电系统设计、安装、使用，是否满足防雷技术要求	是□	否□

四、安全管理

评价模型：安全检查表分析法（SCA）。

依据相关的国家、地方安全法规、规定、规程、规范和标准，国内外行业、企业事故案例，行业及企业安全生产的经验，对安全管理有关的潜在危险性和有害性进行判别检查，编制检查表。电气检维修作业可靠性分析表见表2-12，安全管理检查表见表2-13。

表2-12　电气检维修作业可靠性分析表

评价对象	任务分解	可能的失误	行为后果	导致失误的可能原因
现场管理人员	组织开展工作安全分析	未组织辨识作业风险及控制措施	触电	缺乏知识；违反程序
		风险管控措施未明确到人	作业混乱	缺乏知识；违反程序
	审批作业许可	未现场验证作业条件	触电	执行力差；检查不到位

续表

评价对象	任务分解	可能的失误	行为后果	导致失误的可能原因
现场管理人员	作业过程监管	未开展作业过程检查	风险防控措施不能有效落实	执行力差；检查不到位
作业人员	办理作业许可	未办理作业许可，私自作业	触电	知识缺乏；不良习惯；违反程序
作业人员	能量隔离、上锁挂签	未落实能量隔离	触电	知识缺乏；不良习惯；违反程序
作业人员	能量隔离、上锁挂签	锁具选择不当	上锁失效	知识缺乏；不良习惯
作业人员	验电	未在检修时验电	触电	不良习惯；违反程序
作业人员	检修作业	未落实作业步骤	触电	不良习惯；违反程序
监护人员	作业过程监护	私自离开	导致误操作，使作业人员触电	不良习惯；违反程序
监护人员	作业过程监护	作业信息传达不明确	导致误操作，使作业人员触电	知识缺乏
监护人员	作业过程监护	发生意外处置不当	触电	知识缺乏；应急能力差

评价标准：

表 2-13　安全管理检查表

检查人：　　　　　　检查日期：　　　　　　编号：

序号	检查项目	检查内容	检查结果
1	管理制度	建立本单位安全用电管理制度	是□ 否□
2	管理制度	对安全用电制度、标准进行宣贯，留有学习记录	是□ 否□
3	人员培训资质	电气大班、司机岗位取得电工作业操作证	是□ 否□
4	人员培训资质	定期组织开展安全用电培训	是□ 否□
5	作业许可	拆装、检修电器设施人员持有效电工证	是□ 否□
6	作业许可	电器设施检维修作业按规定办理作业许可	是□ 否□
7	作业许可	作业许可申请、审批、关闭按作业许可程序开展	是□ 否□
8	作业许可	作业前召开工作安全分析会，分工合理	是□ 否□
9	作业许可	作业过程落实一人操作一人监护	是□ 否□

续表

序号	检查项目	检查内容	检查结果
10	上锁挂签	配备匹配的锁具	是□ 否□
11		检维修作业落实上锁挂签，能量隔离	是□ 否□
12	事故警示教育	及时传达行业、集团内部用电方面事故案例	是□ 否□
13		员工能够汲取事故教训，落实事故预防措施	是□ 否□
14	专项检查	落实接地电阻、漏电保护装置等月度检查	是□ 否□
15	设备管理	落实设备"三定"管理	是□ 否□
16		操作人员按相关规定持证上岗	是□ 否□
17	应急管理	针对电气类风险并制订有效的风险削减措施和应急处置方案	是□ 否□
18		按照演练计划开展应急演练	是□ 否□
19	相关方管理	将现场相关方纳入统一管理	是□ 否□
20		指导、督促相关方落实接线取电、接地及定期漏电防护检测等工作要求	是□ 否□
21	隐患排查治理	岗位检查、专项检查、监督检查、上级检查发现的各项问题按要求整改销项	是□ 否□

第三章　风险控制技术

井筒施工作业现场电气作业风险控制，应充分考虑野外作业环境和工艺技术特点，重点围绕触电、火灾、爆炸、雷击、静电等常见危害影响因素，利用系统安全管理理论，主要从设备安装、日常检查、维护保养、故障排除及应急处置等方面，通过工程技术控制、安全管理、安全培训等方面优化控制方案，确保作业安全。

第一节　电气系统安装技术

一、井场布局及安全距离

（1）井场设备布局应考虑风频、风向，井架大门宜朝向盛行的季节风来向。应在井架绷绳、钻台、井架、井场入口处、消防器材室等处设置风向标。

（2）油气井井口距离高压线及其他永久性设施应不小于75m，距民宅应不小于100m，距铁路、高速公路应不小于200m，距学校、医院和大型油库等人口密集性、高危性场所应不小于500m。

（3）生活区与井口距离不小于100m，值班房、发电房、库房、化验室等井场工作房、油罐区距离井口不小于30m，发电房与油罐区间距不小于20m。

（4）井控装置的远程控制台应安装在井架大门侧前方、距井口不少于25m的专用活动房内，并在周围保持2m以上的行人通道。

（5）距井口30m以内的电气系统中，所有电气设备（如电机、开关、照明灯具、仪器仪表、电器线路及接插件、各种电动工具等）应符合防爆要求。

（6）在油罐区、消防房及井场明显处，设置防火安全标志。

二、电气系统安装具体要求

（一）发电房安装

（1）发电房应用耐火等级不低于四级的材料建造，内外清洁无油污。

（2）发电机组固定可靠，运转平稳，仪表齐全、灵敏、准确，工作正常。

（3）发电机外壳应接地，接地电阻应不大于 4Ω。

（4）发电房柴油机排气管出口不能对着油罐区。

（二）值班房安装

（1）单项负载三相不平衡度不超过 10%。

（2）安装一个带漏电保护装置的明装开关箱，控制值班室照明、临时用电设备。

（3）值班室内从配电屏到房檐的进线应装保护胶管，并安装滴水弯管。

（三）井场线路的敷设

（1）井场主电路宜采用 YCW 型防油橡套电缆，照明电路宜采用 YZ 型电缆。

（2）井场内严禁架设裸线，高压线与井口距离不少于 80m。

（3）钻台、机房、净化系统、井控装置的电器设备、照明灯具应分设开关控制，远程控制台、探照灯应设专线。

（4）井架照明电路宜采用 YZ 型 $2\times 2.5mm^2$，钻台和井架二层平台以上应分路供电，分支照明电路宜采用 YZ 型 $2\times 1.5mm^2$ 电缆敷设，电缆与井架摩擦处应有防磨措施。

（5）井场用房照明主回路宜采用 YZ 型（$4\times 6+1\times 2.5$）mm^2 电缆，进房分支电路宜采用 YZ 型 $2\times 2.5mm^2$ 电缆，电缆入室过墙处应设防水弯头，室内过墙应穿绝缘管。

（四）井场照明灯具安装

（1）机房、泵房、钻井液循环罐上的照明灯具应高于工作面 1.8m 以上，其他部位灯具安装应高于地面 2.5m 以上。

（2）井控系统照明、场地探照灯、电磁刹车电源应从配电室控制屏处设置专线。

（3）井架、钻台、机泵房的照明线路应各接一组电源，探照灯电路应单独安装。

（4）所有灯具应安装牢固，灯具防爆插头应做防水处理。

（5）井架及钻台防爆灯数量不少于 20 只。

（6）机泵房灯具安装不少于 10 只，每台钻井泵上方都应安装 1 只照明灯。

（五）循环系统的安装

（1）动力及照明应穿槽、穿钢管及穿防爆挠性管敷设。

（2）所有开关的安装位置，必须保证操作者能看到被操作设备的运转情况。

（六）油水罐区的安装

（1）油水罐区应采用电缆敷设供电。

（2）供电电源使用橡套线或橡套电缆。

（3）油罐安放在井架高度保护区以内的，安装防雷防静电接地 $R\leqslant30\Omega$；保护区以外的，防雷防静电接地 $R\leqslant10\Omega$。

（七）生活区的安装

（1）宿舍区采用 TN-S 系统供电。

（2）整个宿舍区应安装总等电位联结电缆，然后通过多处接地体接地，其接地电阻不大于 10Ω。

（3）每栋金属结构的活动房必须安装进户漏电保护装置。

（4）金属结构活动房的进户线应加绝缘护套管，并做好防水措施。进户线长度超过 20m 时，必须在进户点加设电杆，严禁将导线与构筑物直接捆扎。

（5）在宿舍区电源总闸、各分闸后和每栋野营房应分别安装漏电保护设备。

（6）移动照明灯应采用安全电压工作灯。

（八）其他安装要求

（1）井场必须使用铁质配电箱，箱内配自动空气断路器，箱内的进出线全部在配电箱下方。

（2）配电柜金属构架应接地，接地电阻不宜超过 10Ω；配电柜前地面应设置绝缘胶垫，面积不小于 1m²。

（3）电动机外壳接地电阻不宜大于 4Ω，运转部位护罩完好，露天使用电动机要有防雨水措施。

（4）电焊机使用前接好地线，电焊线完整。

（5）氧气瓶、乙炔气瓶应分库存放在专用支架上，阴凉通风，不应曝晒。氧气瓶上不应有油污。

（6）使用氧气瓶、乙炔气瓶时，两瓶相距应大于 5m，距明火处大于 10m，乙炔气瓶应直立使用，应加装回火保护装置，氧气瓶应有安全帽和防振圈。

（7）井场内需临时用电的电气设备，必须经漏电保护装置控制供电。

（8）供水排污线路架设应采用 TN-S 供电系统，即通过三相、零线和保护导线供电，供水泵及操作点处应安装照明灯。

（9）凡安装在室外的各型开关，必须安装在开关箱内，箱内所有进出线应设置在开关箱下方。

（10）控制开关的保险丝，不能用铁丝、铝丝代替。

（11）供、配电线路及设备绝缘值不小于 0.5MΩ。

（12）井场生活区的行人路口、道路、厕所等处，应设置路灯，并安装开关控制。

三、接地接零安全技术要求

（一）保护接地（IT 系统）

如图 3-1 所示，电力系统不接地，用电设备外壳通过接地体与大地接通，当设备相碰壳时，由于保护接地电阻 R_b 与人体电阻 R_r 并联，且 $R_b \ll R_r$，$U_d = 3UR_b/|3R_r + Z|$，因为 $R_r \ll Z$，故设备对地电压大大降低，只要控制 R_b 足够小，就可将漏电设备对地电压限制在安全范围之内。

（二）TT 系统

如图 3-2 所示，电力系统接地，用电设备外壳通过接地体与大地接通。必须配合使用漏电保护装置或过电流保护装置，并优先使用前者。

图 3-1　IT 系统

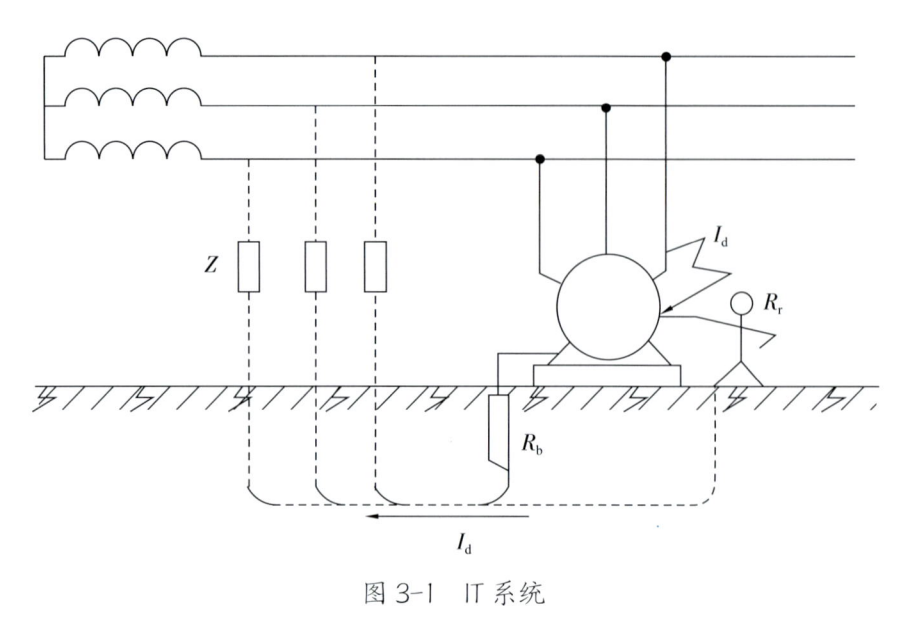

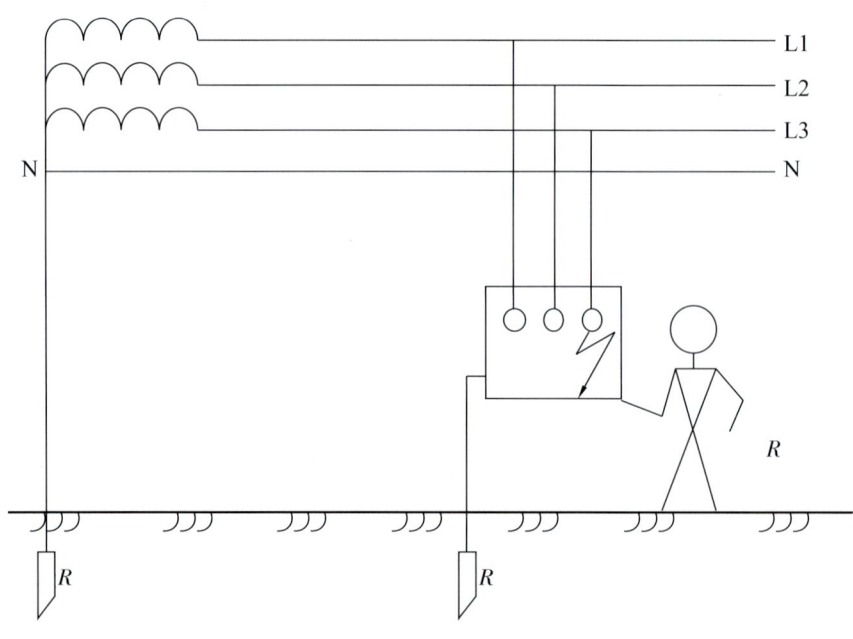

图 3-2　TT 系统

(三) 保护接零 (TN 系统)

如图 3-3 所示，电力系统接地，中性线重复接地，设备外壳导电部分与系统零线相连接，在熔断器 Fu 的配合下，当设备漏电时，该相与零线短路，巨大的短路电流可使熔断器迅速动作，从而切断故障部分电源。

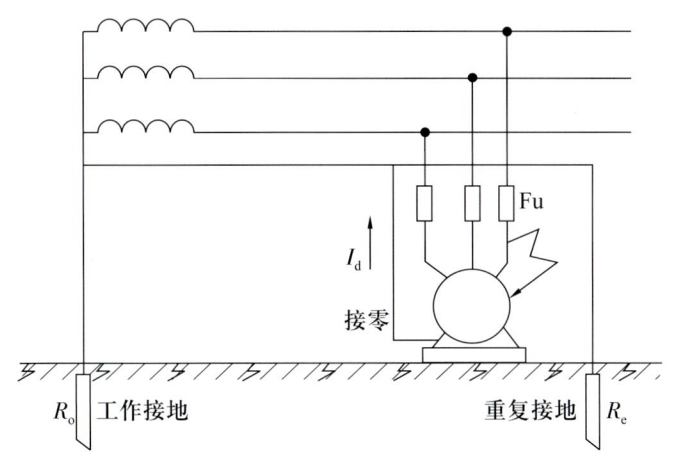

图 3-3 TN 系统

1. TN-C 系统

如图 3-4 所示,在三相四线制系统中,电力系统接地,PE 线与 N 线合并使用,电气设备外壳与 PEN 线连接。该系统可用于爆炸、火灾危险性较大或安全要求高的场所,宜用于独立附设变电站的车间,也适用于科研院所、计算机中心、通信局站等。

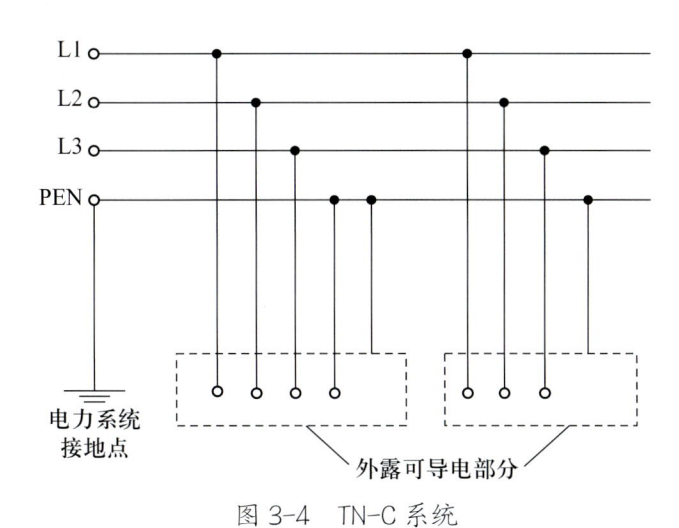

图 3-4 TN-C 系统

2. TN-S 系统

如图 3-5 所示,三相五线制系统中,电力系统接地,PE 线与 N 线分设,设备外壳与 PE 线连接。该系统宜用于厂内设有总变电站,厂内低压配电场的所及民用楼房。

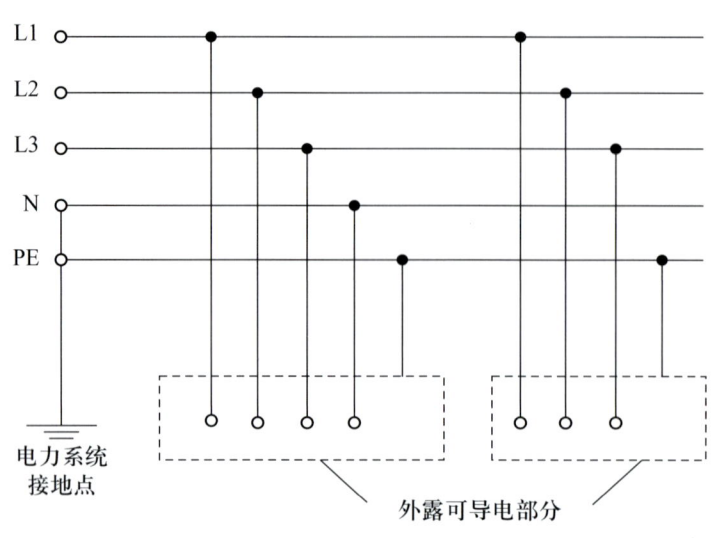

图 3-5　TN-S 系统

3. TN-C-S 系统

如图 3-6 所示，三项四线制中，电力系统接地，在电路局部从零线上分出一根 PE 线，电气设备外壳与 PE 线或零线相连接。可用于爆炸、火灾危险性不大，用电设备较少、用电线路简单且安全条件较好的场所。

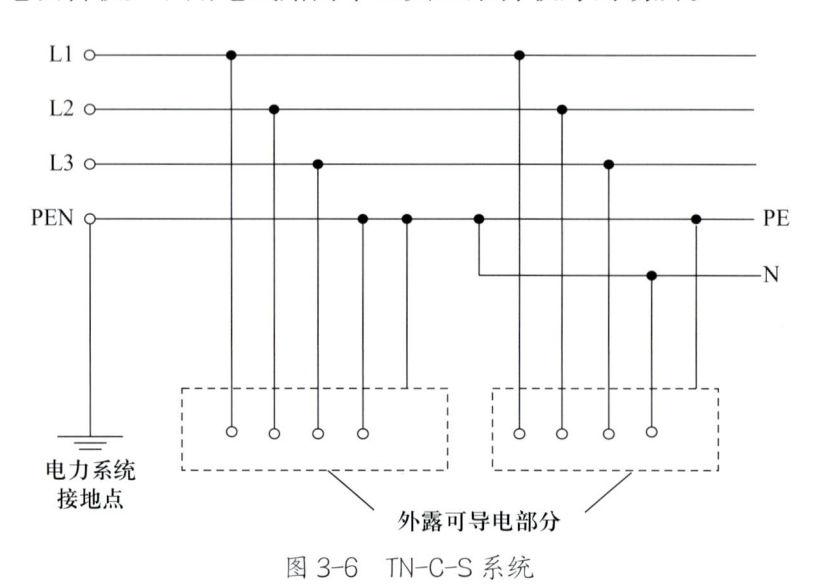

图 3-6　TN-C-S 系统

4. 石油天然气井场电气系统接地

石油天然气井场 220/380V 电网的系统接地型式为 TN-C-S 或 TN-S 型，TN-S 系统适用于新制钻机，TN-C-S 系统适用于在用钻机。

四、机械钻机和转盘电驱动钻机的系统接地型式

机械钻机和转盘电驱动钻机的系统接地型式如图3-7和图3-8所示。

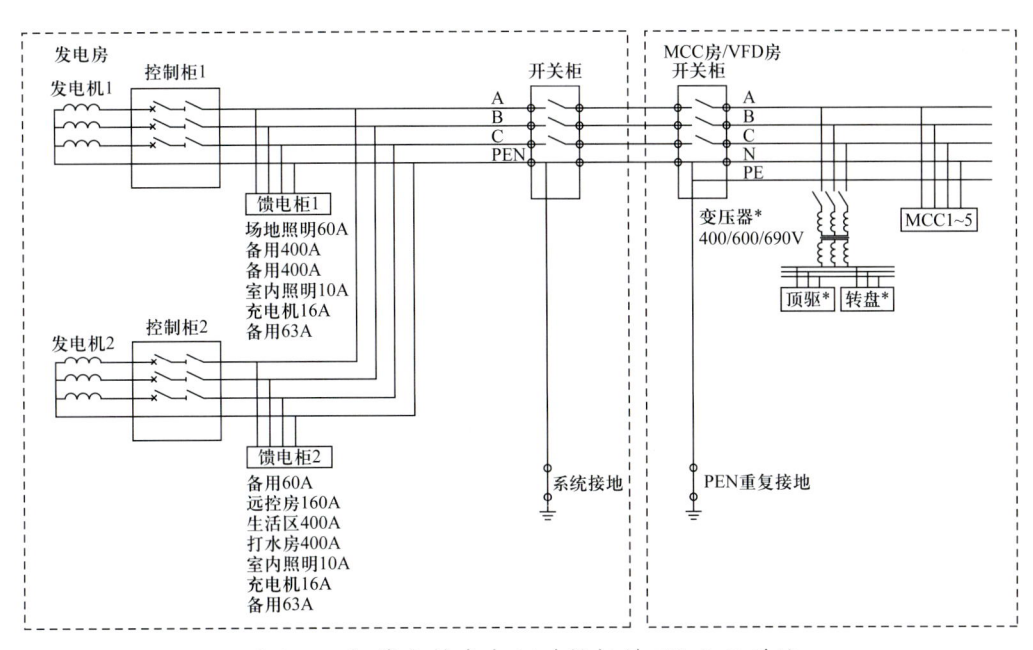

图3-7 机械和转盘电驱动钻机的TN-C-S系统

注：*为转盘电驱动钻机配置。

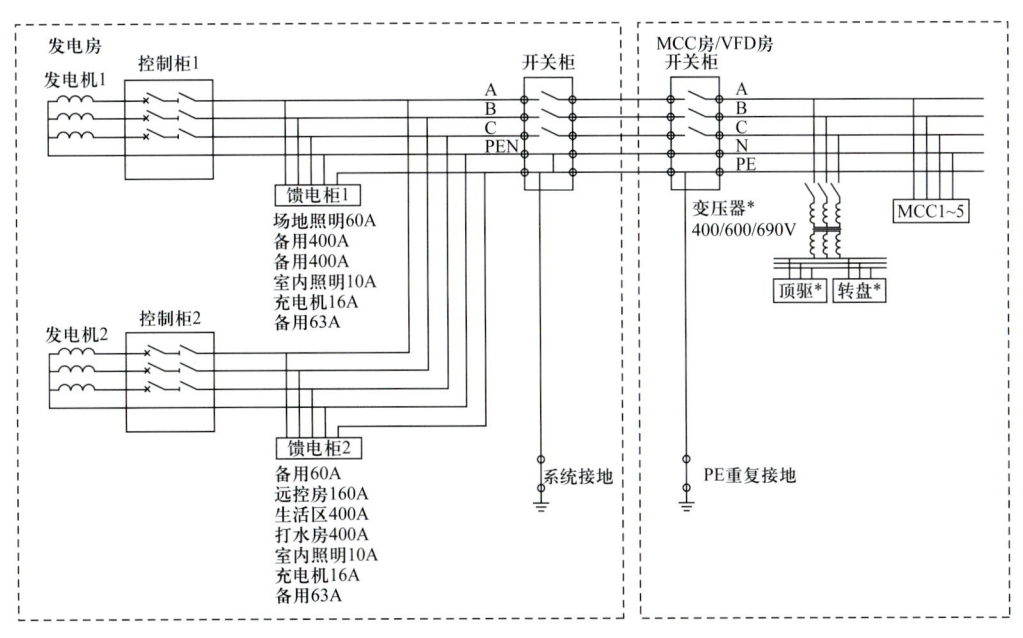

图3-8 机械和转盘电驱动钻机的TN-S系统

注：*为转盘电驱动钻机配置。

五、电驱动钻机系统接地型式

电驱动钻机系统接地型式如图 3-9 至图 3-12 所示。

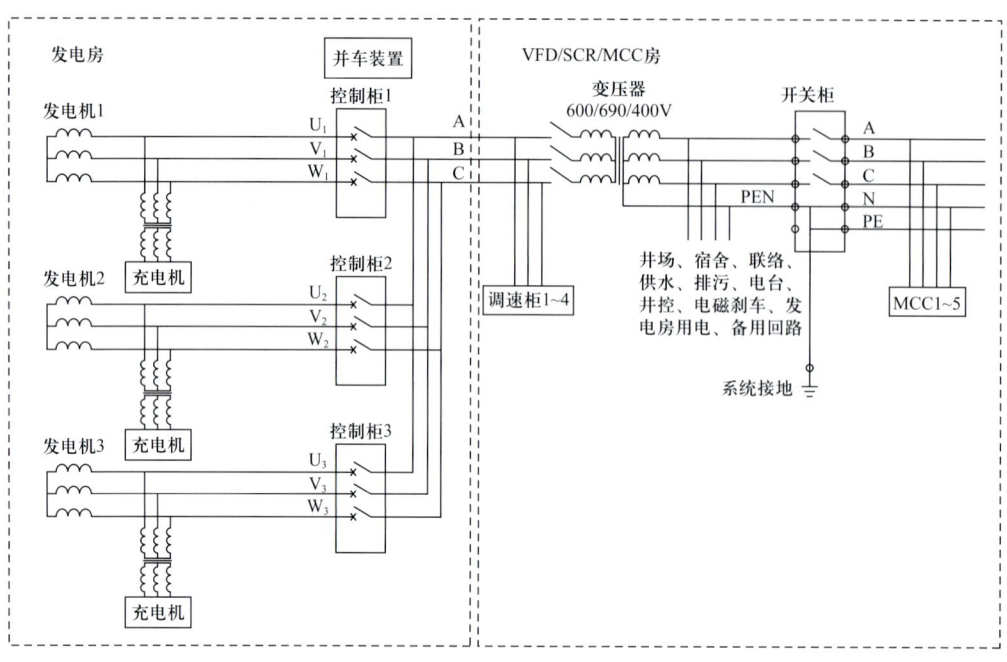

图 3-9　发电房带并车装置的 TN-C-S 系统

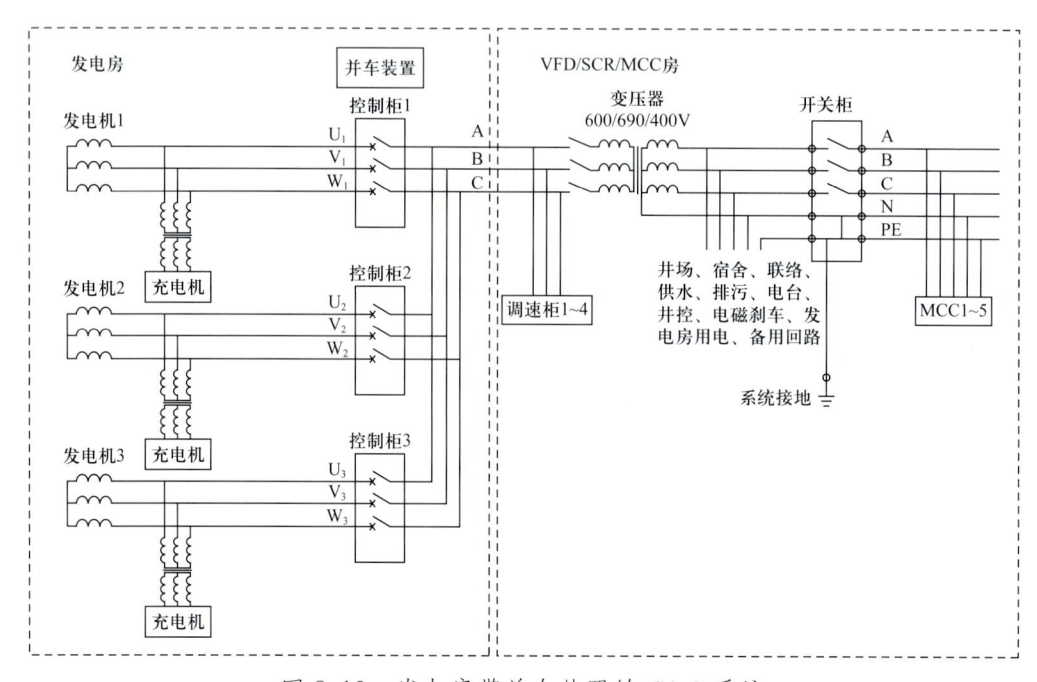

图 3-10　发电房带并车装置的 TN-S 系统

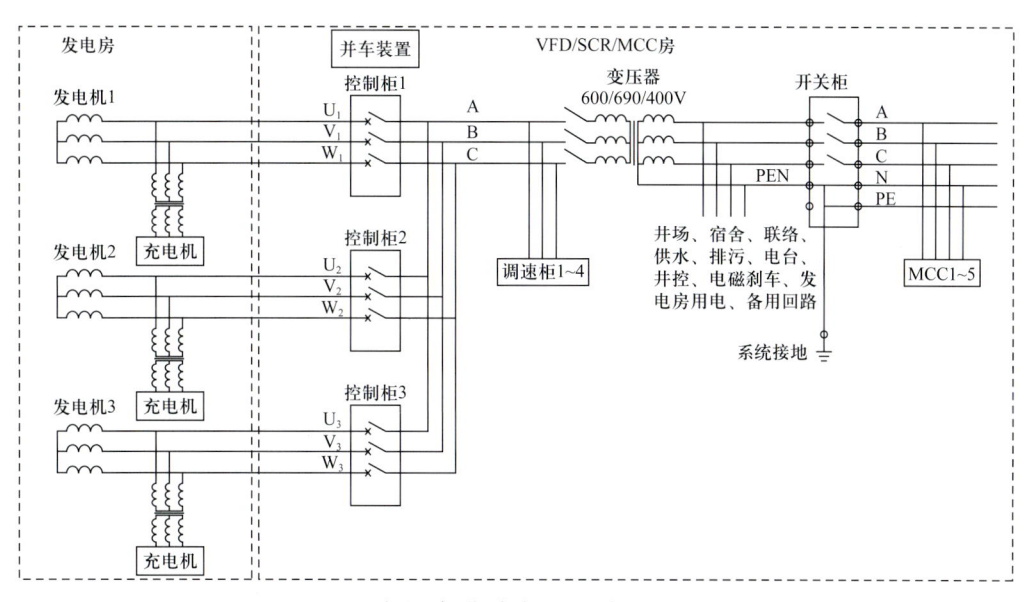

图 3-11　电控房带并车装置的 TN-C-S 系统

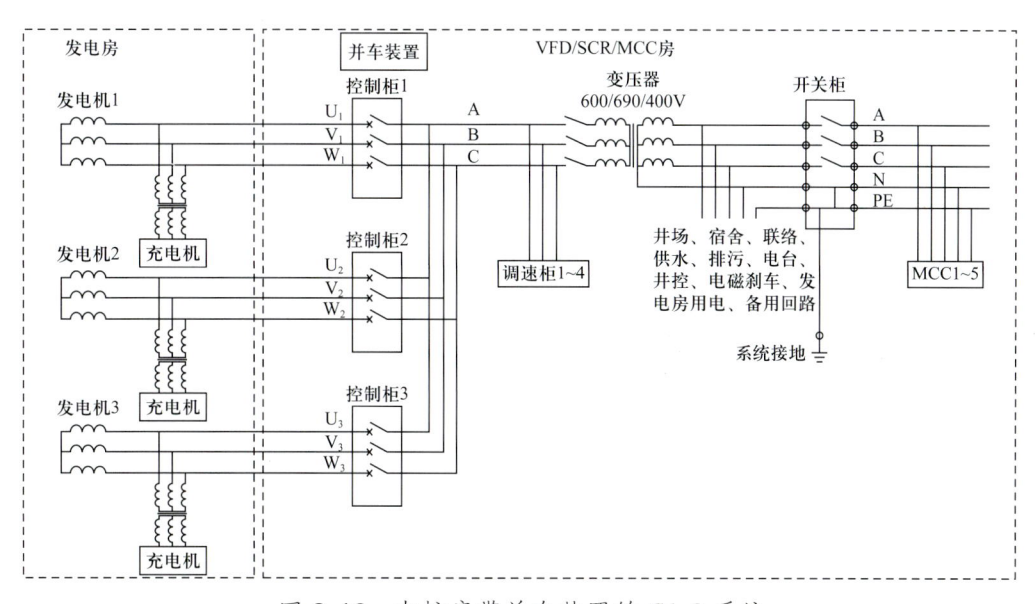

图 3-12　电控房带并车装置的 TN-S 系统

六、井下作业井场系统接地型式

井下作业井场专用的电力线路应采用 TN-S 接零保护系统，电气设备的金属外壳应与专用保护零线连接，专用保护零线应由工作接地线、配电室的零线或第一级漏电保护器电源侧的零线引出。

七、系统接地安全技术要求

当动力或照明回路发生"相碰壳"或"相碰保护导体"故障时，所配置的保护电器应能自动切断发生故障部分的供电，且持续存在的预期接触电压不大于50V。

在与系统接地型式有关的某些情况下，不论接触电压大小，切断时间允许放宽到不超过5s。

电气装置的"壳"（即外露可导电部分），都应通过保护导体PE或保护中性导体PEN与接地极相连接，以保证故障回路的形成。

凡可被人体同时触及的"壳"（即外露可导电部分），应连接到同一接地系统。

系统中应尽量实施总等电位联结。

不得在保护导体PE回路中装设保护电器和开关，但允许设置只有工具才能断开的连接点，保护导体PE材料只能采用铜芯或铝芯导体。电气装置的"壳"（即外露可导电部分）不得用作保护导体的串联过渡点。

保护导体PE必须有足够的截面，其截面可以用下述方法之一确定：

（1）截面必须不小于表3-1中所列的相应值。

表3-1　导线截面要求

电气装置中相导体的截面，mm^2	相应保护导体PE的最小截面，mm^2
$S \leqslant 16$	S
$16 < S \leqslant 35$	16
$S > 35$	$S/2$

注1：按本表选取的截面若不是标称值，则应采用最接近它的又比它大的截面标称值。
注2：本表中所列的数值只在保护导体的材质与相导体的材质相同时才有效。若材质不同，则所选取的截面积的导体的电导，应与按本表所选取的截面积的导体的电导相同。

（2）单根保护导体的截面不得小于以下数值：有机械保护时$2.5mm^2$，没有机械保护时$4mm^2$。包含在供电电缆中的保护导体及电缆外护物作保护导体的可以不受上述限制。

连接保护导体PE或保护中性导体PEN时，必须保证良好的电气连续性。

遇有铜导体与铝导体相连接和铝导体与铝导体相连接时，更应采取有效措施（如使用专用连接器）防止发生接触不良等故障。

系统中所装设的断路器的特性和回路的阻抗应满足式（1）的条件，以保证在电气装置内的任何地方发生相导体与保护导体（或外露可导电部分）之间的阻抗可以忽略不计的故障时，保护电器能在规定的时间内切断其供电。

$$Z_S \cdot I_a \leqslant U_0$$

式中：

Z_S——故障回路的阻抗，Ω；

I_a——保证断路器在规定时间内自动动作切断供电的电流，A；

U_0——对地标称电压，V。

与 I_a 有关的切断供电时间系指：

（1）对于通过插座供电的末端回路，或不用插座而直接向Ⅰ类手持式设备（或运行时需用手移动的设备）供电的末端回路，不超过0.4s。

（2）对于配电回路，或只给固定设备供电的末端回路，不超过5s。

系统主要由过电流保护电器即断路器提供电击防护。如使用过电流保护电器不能满足要求时，则应采用辅助等电位联结措施，也可增设漏电保护器或采取其他间接防护措施来满足要求。

八、等电位联结技术要求

（一）井场总等电位联结

（1）井场内凡涉及设备运行及用电安全的金属构件，采用总等电位联结母线进行联结。

（2）总等电位联结母线统一为完整的截面积为25mm^{2}的铜芯导体或35mm^{2}的铝芯导体。

（3）总等电位联结母线总长不大于100m。

（4）与金属构件的联结应可靠，应减小导线上的分布电感值。

（5）井场发电房、VFD房、MCC房、顶驱房、钻井液循环罐、电缆槽、井架底座，以及生活区营房及设备金属构件等各处应焊固专用连接螺栓，通过等电位联结母线组成井场或生活区总等电位联结系统。

（6）发电房、VFD房、顶驱房、MCC房、综合录井房、地质房、队长室及会议室等需要预防直击雷损害的重要金属构件，应在房体对角线处同时与总等电位联结母线进行两处联结。

（7）营房内应安装局部等电位联结端子，将室内主要电气设备和人体能同时触及的外露可导电部分、PE及装置外的可导电部分互连。

（8）井场等电位联结电阻需要进行每月测试，其阻值应达到标准。

（9）等电位联结母线应在井场后场、VFD房、顶驱房、录井房处重复接地，工频接地阻值应不大于4Ω。

（二）综合录井房总等电位联结

（1）综合录井房房体应设置对角线两处接地螺栓，同时通过引下线与接地体连接，接地体接地电阻应不大于4Ω。

（2）房内仪器设备、电器设备的保护接地与金属构件，应与房内局部等电位联结端子可靠连接。

（3）综合录井房至钻台底座右前端处通过35mm^{2}铝芯导线连接。

（4）房内总等电位联结端子与房体接地螺栓可靠连接，其连接电阻应小于0.03Ω。

（5）房内保护接地应与录井房可靠连接。

第二节　电气设备防火技术

一、电气线路防火措施

（1）电缆敷设应避免与其他管线交叉，且远离易燃易爆物及其他热源。

① 井场架空线路不得跨越油罐、柴油机排气管和放喷管线出口。

② 井场架空线路距离井架绷绳的距离不小于2m，距油罐的水平距离不小于3m，与柴油机排气管出口距离不小于10m，距放喷管线出口的水平距离不

小于 10m。

③ 机房、钻井液循环罐照明电路应采用耐油橡套电缆敷设，应有电缆槽或电缆穿线管。专用接线箱或防爆接插件要有防水措施。

（2）导线绝缘层不得破损、腐蚀，中间接头采用绞接、缠绕法连接、压接、连接管连接时，连接处接触应牢固、可靠，绝缘强度和接触电阻与同截面导线的强度和电阻一致。导线接线端子与导线绝缘层的空隙处，应采用绝缘带包缠严密。

（3）地面敷设电气线路应使用电缆槽集中排放，且工作电缆、备用电缆、动力及控制电缆宜分开，并进行防火分隔。

（4）井场电路架空高度不低于 3m，不得用铝线、单股铁丝作拉线。所有架空线的截面积不得小于 10mm^2，接户线的截面积不小于 4mm^2。

（5）金属结构的活动房，进户线应采用绝缘线穿管防护，进户钢管应设防水弯头，以防止雨水倒流造成短路或漏电引起火灾。

二、电动机防火措施

（1）电动机的选型应与其用途及工作环境相匹配。

（2）电动机应具备短路保护、失电压保护、过载保护、断相运行保护等防护功能。

（3）电动机运行中的防火要求：

① 长期没有运行的电动机，在启动前应测量绝缘电阻和空载电流。

② 电动机在冷状态下连续启动不应超过 3 次，热状态下连续启动不应超过 2 次。

③ 合闸后，如电动机不转，应立即拉闸，切断电源，检查排除故障。

④ 对运转中的电动机应加强监视，注意声响、温升和电流、电压变化情况。

⑤ 电动机停止运行，应切断动力电路总开关和电动机专用控制开关。

⑥ 运行中应检查电动机接线端子的接触情况。

三、照明装置的防火措施

（1）在火灾和爆炸危险场所安装使用的照明灯开关、灯座、接线盒、插头、按钮及照明配电箱，应满足防爆要求。

（2）各种照明灯具安装前，应对灯座、挂线盒、开关等零件进行检查，发现松动、损坏的要及时修复。

（3）开关应安装在相线上，螺口灯座的螺口必须接在零线上。开关、插座、灯座外壳均应完好无损，带电部分不得裸露在外。

（4）功率在150W以上的开启式和100W以上的其他类型灯具，不准使用橡胶灯座，而必须采用瓷质灯座。

（5）各零件必须符合电压、电流等级要求，不得过电压、过电流使用。

（6）质量在1kg以上的灯具应使用金属链吊装，或采用铸铁底座和焊接钢管固定。质量超过3kg时应固定在预埋的吊钩或螺栓上。

（7）灯具的灯头线不得有接头，接地或接零的灯具金属外壳应有接地螺栓与接地网连接。

（8）各式灯具与可燃物、可燃结构面之间距离不应小于50cm，周围应做好防火隔热处理。

（9）严禁用纸、布或其他可燃物遮挡灯具。

（10）灯泡距地面不应低于2m，下方不得堆放可燃物品。

（11）室外使用的灯具均应保持外壳完好，以防水滴溅射到高温灯泡、灯管上，引起炸裂。

（12）镇流器安装应注意通风散热，不准将镇流器直接固定在可燃顶棚、吊顶或墙壁上，应用隔热的不燃材料进行隔离。

四、控制开关的防火措施

（1）开关应设在开关箱里，开关箱内不得存放任何物品。

（2）开关箱应安装在干燥的地点，外壳应接地。潮湿环境应选用拉线开关。

（3）在火灾爆炸危险区域，应采用隔爆型、防爆充油型防爆开关。

（4）在中性点接地的系统中，单级开关必须接在相线上。

（5）断路器不应安装在易燃、受振、潮湿、高温、多尘的场所，应安装在干燥、明亮、便于维修和施工的地方，并应配备电柜（箱）。

（6）刀熔开关的额定电流应在线路计算电流的2.5倍以上。安装时，应选择干燥、明亮处，并配备专用配电箱。

（7）刀熔开关的电源接在静触点上，使用过程中应定期检查各开关刀口与导线及刀触点处是否接触良好，开关胶盒、瓷底座、手柄等处有无损坏。

（8）操作刀熔开关不可面对开关，动作要迅速，确保动触头和静触头结合紧密。

（9）负荷开关（铁壳开关）外壳必须接地，且不能长期过载使用。如果发现机械联锁装置、外盖、插入式熔断器损坏，应及时维修或更换。

（10）接触器在使用过程中，要定期检查，保持触头良好接触、灭弧装置正常工作，发现故障及时排除。

（11）电气控制系统中，应根据实际情况选择合适规格的电压继电器、电流继电器、中间继电器、热继电器、时间继电器、温度继电器，继电器应安装在干燥的环境中，使用中要定期检查维修。

五、电源插座的防火措施

（1）使用前应选择与电器容量相符的插座。
（2）插座附近不能有可燃物品，应用覆盖物盖上插座以免落入粉尘等异物。
（3）在有爆炸危险的场所应安装防爆插座。
（4）插座应安装在干燥的环境中，在潮湿环境安装插座必须采取防潮措施。
（5）定期检查，发现插头、插座损坏时应及时修理更换。

六、配电箱的防火措施

（1）配电箱应安装在干燥、明亮、不易受潮、便于操作和维修的室内。
（2）配电箱不应安装在室外、浴室、厕所和经常锁门的房间内，用于仓库的配电箱应安装在库外。

（3）配电箱要保持清洁，专人管理。箱内外不准堆放任何杂物，附近不可堆放可燃物品。

（4）在爆炸危险场所应采用防爆配电箱，火灾危险场所应用金属制品配电箱，可燃粉尘或纤维场所的配电箱箱体和门应有封闭措施。

第三节　电气设备防爆技术

距井口30m以内电气设备应满足防爆要求，钻机防爆电气设备应具有防爆合格证，防爆电气产品或铭牌上应有红色的Ex标志，产品铭牌上还应有防爆类型、温度组别、气体组别、外壳防护等级和防爆合格证编号。

一、司控房电气设备

（1）房内电气柜（台）、顶驱普通操作台和HMI（人机界面）操作台等采取正压防爆型式，并引入洁净和安全的气源。

（2）房内电控触摸屏、顶驱触摸屏、钻井参数显示屏、工业电视监视屏等应为本安防爆。

（3）房内电子防碰显示设备、录井终端及其他电气设备应为防爆型。

（4）房内照明灯具、开关、空调等均为防爆型，并采用电缆穿管敷设。

（5）司钻房各种外部电源防爆接插件选用无火花防爆型接插件。

（6）房内电气设备外壳应统一接到司钻房局部等位联结端子上，再统一与井场总等电位联结母线连接。

二、绞车和转盘电机

（1）电机位于API一级1类以外及API一级2类以内区域时，其风机应为防爆型，且风机进气口应位于API一级2类以外区域。

（2）电机整体采用正压防爆型式或达到正压防爆效果，电机外壳防护等级IP44。气源应为安全洁净的空气。

三、综合录井房

综合录井房布置在距井口 25m 以内时，应使用正压型防爆综合录井房。

四、压风机房/发电房

（1）照明应采用防爆灯具，穿管敷设电缆。

（2）电线敷设应满足防爆要求，一般不允许有中间接头。如果使用中因电缆损坏，需要中间接头，应对中间接头进行环氧树脂密封和热缩管保护处理。

（3）照明控制应采用防爆照明开关。

（4）发电房应距井口 30m 以上。

五、VFD/MCC 房

（1）出线柜快速接插件应采用防爆型。

（2）现场总线连接应采用防爆接插件。

六、井场照明设备、井场照明防爆荧光灯具

（1）防爆型式为复合防爆，即灯具增安壳内行程开关、电子镇流器及灯管均为防爆型电子元件。

（2）增安型防爆灯具布置在 API 一级 2 类区域或不分类区域。

（3）隔爆型防爆灯具布置在 API 一级 1 类、2 类和不分类区域。

（4）增安型灯具的气体组别不低于 IIC，温度组别不低于 T5。

（5）隔爆型灯具的气体组别不低于 IIB，温度组别不低于 T4。

七、井场投光灯具

（1）防爆型式为隔爆或增安。

（2）气体组别不低于 IIB，温度组别不低于 T4。

八、井场防爆盒、箱

（1）用于接线的平盖防爆分线盒应采用隔爆型，用于穿线的平盖穿线盒可采用增安型或隔爆型。

（2）防爆区域内用于防爆型防雷器的防爆盒，应为隔爆型，其气体组别不低于IIB，温度组别不低于T4。

（3）防爆箱的防爆型式应满足相应防爆区域的防爆要求：

API一级1类区域应采用隔爆型或本安型防爆箱。

API一级2类区域可选用隔爆型、增安型（复合）、正压型等防爆箱，正压型防爆箱应引入洁净安全的气源。

九、储油罐

储油罐应在距离井口30m以上，距发电房20m以上的安全位置。

第四节　电气设备防雷技术

一、电气设备防雷安装技术要求

（1）井场应敷设总等电位联结母线，采取$25mm^2$铜芯电缆或$35mm^2$铝芯电缆，其总长度不大于150m，总等电位联结电阻值不大于0.03Ω。

（2）钻机天车、井架、二层台、钻台、底座、防喷器、节流管汇、套管与总等电位联结之间应有可靠的电气通道，各处等电位联结电阻值不大于0.2Ω。

（3）电控房/MCC房/顶驱房应有统一的保护接地，接地电阻应不大于4Ω，并通过房体对角线两处接地螺栓与井场总等电位联结电缆可靠连接。

（4）电控房/MCC房/顶驱房内所有电器设备保护接地及金属构件应统一接到接地母排上，形成房内区域或局部等电位联结。

（5）发电房动力电缆应通过屏蔽敷设措施进入电控房/MCC房/顶驱房，电控系统主要通过完善屏蔽、区域和局部等电位联结实现防雷保护，必要时可装设浪涌抑制保护器。

（6）电控信号传感器可在进出线柜处采取防雷措施。

（7）MCC房总柜内应配备电力避雷器。

（8）电控房/顶驱房外接的编码器电缆应具有可靠的接地，必要时可加装金属编织软管进行屏蔽并接地。

（9）司钻房钻井参数仪现场传感器、防爆箱内进线端子处可安装防爆信号防雷器，其防雷接地通过金属构件与总等电位联结母线电缆连接，其等电位电阻应小于$0.03\,\Omega$。

（10）钻井参数仪主机的保护接地应与司控房保护接地可靠连接。

（11）综合录井房房体应设置对角线两处接地螺栓，通过录井总等电位联结电线与钻机底座连接，同时通过引下线与接地体连接，接地体接地电阻应不大于$4\,\Omega$。

（12）综合录井房内仪器、电器设备的保护接地与金属构件应与房内局部等电位联结端子可靠连接。房内总等电位联结端子与房体接地螺栓可靠连接，其连接电阻应小于$0.03\,\Omega$。

（13）综合录井房内应安装两级保护的并联式三相交流电源防雷箱，末级采用防雷插座，三级保护能量配合及电压分配应合理，各级保护电压及额定通流量应合理，确保各级保护有效。

（14）综合录井房内录井终端应装设视频防雷器，其接地极应与房内局部等电位联结端子可靠连接。

（15）综合录井房信号电缆应采取穿管屏蔽措施，信号采集接口应安装信号防雷器。

（16）现场录井信号采集，包括钻台部分、钻井液罐和泵房等处，可采用本安、隔爆型、增安型防雷器，其接地极应与金属构件可靠连接，与就近的总等电位联结电缆电阻不大于$0.03\,\Omega$。

① 采用本安防爆措施时，应采用规定的安全栅、本安电缆及本安防雷器，同时本安防雷器应通过增安或隔爆壳体进行电气连接。

② 采用隔爆措施时，可在防爆壳体内安装防雷器，安装后其防雷接地与就近的总等电位联结电缆的电阻值应小于$0.03\,\Omega$。

③ 采用增安防爆壳体时，应采取复合防爆结构，即在壳内安装本安或隔爆的器件。

（17）生活区可分段敷设总等电位联结电缆，其总长不大于100m，并于多处重复接地，其接地电阻值应不大于10Ω。分散的井场生活区应有保护接地的重复接地。

（18）队长/会议室房体应有对角线两处接地螺栓，并接地可靠连接。房内应安装局部等电位联结端子，并与房体金属构件连接。

（19）电视机可装设电视防雷器，其防雷接地极应单独敷设接地。

（20）电脑、打印机、电视机、空调等电器设备的保护接地应与房内局部等电位联结端子可靠连接，其连接电阻应小于0.03Ω。无线设备可装设天馈防雷器，其防雷接地与房体局部等电位联结端子连接，其连接电阻应小于0.2Ω。

（21）视频监视系统的云台控制、摄像头控制、视频传输及其电源应采用屏蔽电缆，电源端应可靠接地。

（22）二层台摄像头及云台应布置在井架内侧，二层台摄像头及云台电缆应敷设在笼梯内。

（23）值班室内H_2S探测器、现场H_2S探头、H_2S服务器端应可靠接地，应装设防雷器。

（24）每个发电房馈电柜内应安装电力防雷器，发电房体应布置对角线两处接地螺栓，用于总等电位联结。发电房内应进行局部等电位联结。

二、电气防雷设施维护与管理

（1）施工单位应进行防雷技术培训，防雷装置的安装、测试、检查与日常维护应由熟悉雷电防护技术的专职或兼职人员负责。

（2）防雷装置投入使用后，应建立管理制度，对防雷装置安装技术资料、测试记录等，均应及时归档，妥善保管。

（3）每年雷雨季节到来之前，应对电气设备防雷装置进行一次全面检测。

（4）每次雷击之后，在雷电活动强烈的地区，对防雷装置应随时进行目测检查。

（5）当发生雷击事故后，应及时向有关部门报告，协同有关部门人员调查分析原因和雷电损失，提出改进保护措施。

第五节　静电安全防护技术

石油及天然气井筒施工作业现场，容易产生静电，引发火灾、爆炸、电击和电气设备故障的环节，主要涉及各类油品（柴油、机油、汽油、原油等）、液化石油天然气等易燃易爆品的拉运、储存和使用过程，以及可能产生粉尘的作业场所。静电防护主要从环境危险程度控制、工艺过程控制、接地和屏蔽等方面综合考虑。

一、环境危险程度的控制

（1）取代易燃介质。例如：利用清水或水基清洗剂代替汽油、煤油、柴油作洗涤剂。

（2）降低爆炸性混合物浓度。例如：在爆炸和火灾危险环境中，采用通风、抽气装置及时排出爆炸性混合物。

（3）减少氧化剂含量。例如：充氮、二氧化碳或其他不活泼气体。

二、工艺过程控制

工艺控制是从工艺上采取适当的措施，限制和避免静电的产生和积累。

（1）在存在摩擦而且容易产生静电的场合，工作人员不应穿着丝绸、人造纤维或其他高绝缘衣料，以免产生静电。

（2）限制摩擦速度或流速。例如，烃类燃油在管道内流动时，流速与管径应满足以下关系：

$$v^2 D \leqslant 0.64$$

式中：

v——流速，m/s；

D——管径，m。

油罐装油时，注油管出口应尽可能接近油罐底部，最初流速应限制在 1m/s 左右，待注油管出口被浸没以后，流速可增加至 4.5～6m/s。

（3）增强静电消散过程。为了防止静电放电，在液体灌装、循环或搅拌过程中不得进行取样、检测或测温操作。进行上述操作前，应使液体静置一定的时间，使静电得到足够的消散或松弛。

（4）消除附加静电。为了减轻从油罐顶部注油时的冲击，减少注油时产生的静电，应使注油管头（鹤管头）接近罐底；为了防止搅动罐底积水或污物产生附加静电，装油前应将罐底的积水和污物清除掉；为了降低罐内油面电位，过滤器不应离注油管口太近。

三、接地和屏蔽

（一）接地

为管道、储罐、过滤器、机械设备、加油站等能产生静电的设备设置良好的静电接地，以保证产生的静电能迅速导入地下。装设接地装置时应注意，接地装置与冒出液体蒸气的地点要保持一定距离，接地电阻不应大于 10Ω。

加工、储存、运输各种易燃液体、易燃气体和粉体的设备都必须接地。如果袋形过滤器由纺织品或类似物品制成，建议用金属丝穿缝并予以接地；如果管道由不导电材料制成，应在管外或管内绕以金属丝，并将金属丝接地。

可能产生静电的管道两端和每隔 200～300m 处均应接地。平行管道相距 10cm 以内时，每隔 20m 应用连接线互相连接起来。管道与管道或管道与其他金属物件交叉或接近，其间距离小于 10cm 时，也应互相连接起来。

注油漏斗、浮动罐顶、工作站台、磅秤和金属检尺等辅助设备均应接地。油壶或油桶装油时，应与注油设备跨接起来，并予以接地。

槽车在装油之前，应与储油设备跨接并接地；装、卸完毕先拆除油管，后拆除跨接线和接地线。

可能产生和积累静电的固体和粉体作业中，各种辊轴、磨、筛、混合器等工艺设备均应接地。

（二）屏蔽

将带电体用间接的金属导体加以屏蔽，可防止静电荷向人体放电造成击伤。

四、增大空气相对湿度

在有易燃易爆蒸气存在的场所，通过向空气中喷射水雾的方法增大空气相对湿度，增强空气的导电性，防止和减少静电的产生和积累。一般从相对湿度上升到 70% 左右起，静电会很快减少。

五、人体静电消除

在易燃易爆危险性较高的场所，工作人员应先以触摸接地金属器件等方法导除人体所带静电后再进入。同时，还要避免穿化纤衣物及导电性能低的胶底鞋，以预防人体产生的静电在易燃易爆场所引发火灾，以及当人体接近另一高压带电体造成电击伤害。

六、防静电安全管理

在防静电安全管理上，首先对操作人员加强防静电安全教育，实行人体静电安全接地；加强防静电环境管理，包括油罐周围的湿度、温度、可燃气体浓度，应定点、定时检测；一般来说，夏季油罐内可燃气体爆炸的可能性高于冬季；未盛满的油罐，其空间被挥发气和空气充满，易达到可燃的浓度；使用静电消除器，可消除电荷之间的放电。

第六节　触电伤害事故预防

一、绝缘

利用绝缘物把带电体封闭起来，防止人体触及。瓷、玻璃、云母、橡胶、木材、胶木、塑料、布、纸和矿物油等都是常用的绝缘材料。

应当注意，很多绝缘材料受潮后会丧失绝缘性能，或在强电场作用下会遭到破坏，丧失绝缘性能。

二、屏护

即采用遮拦、护罩、护盖箱闸等把带电体同外界隔绝开来。电器开关的可动部分一般不能使用绝缘，而需要屏护。高压设备不论是否有绝缘，均应采取屏护。

三、间距

就是保证必要的安全距离。间距除用防止触及或过分接近带电体外，还能起到防止火灾、防止混线、方便操作的作用。在低压工作中，最小检修距离不应小于0.1m。

四、保护接地

为了防止电气设备外露的不带电导体意外带电造成危险，将该电气设备经保护接地线与深埋在地下的接地体紧密连接起来的做法叫保护接地。

由于绝缘破坏或其他原因而可能呈现危险电压的金属部分，都应采取保护接地措施。如电机、变压器、开关设备、照明器具及其他电气设备的金属外壳都应予以接地。

五、保护接零

就是把电气设备在正常情况下不带电的金属部分与电网的零线紧密地连接起来。应当注意的是，在三相四线制的电力系统中，通常是把电气设备的金属外壳同时接地、接零，这就是所谓的重复接地保护措施，但还应该注意，零线回路中不允许装设熔断器和开关。

六、装设漏电保护装置

为了保证在故障情况下人身和设备的安全，应尽量装设漏电动作保护器。它可以在设备及线路漏电时通过保护装置的检测机构转换取得异常信号，经中间机构转换和传递，然后促使执行机构动作，自动切断电源，起到保护作用。

七、采用安全电压

安全电压的工频有效值不超过 50V，直流不超过 120V。《安全电压》（GB 3805）中规定，安全电压值的等级有 42V、36V、24V、12V、6V 五种，同时还规定：当电器设备采用的电压超过 24V 时，必须采取防直接接触带电体的保护措施。

凡手提照明灯、高度不足 2.5m 的一般照明灯，如果没有特殊安全结构或安全措施，应采用 42V 或 36V 安全电压。凡金属容器内、隧道内、矿井内等工作地点狭窄、行动不便及周围有大面积接地导体的环境，使用手提照明灯时应采用 12V 安全电压。

八、加强绝缘

加强绝缘就是采用双重绝缘或另加总体绝缘，即保护绝缘体以防止通常绝缘损坏后的触电。

九、电工作业管理

电工作业人员应培训持证上岗，其他人员不得随便乱动或私自修理电气设备。电工作业人员要遵守电工作业安全操作规程，坚持维护检修制度，特别是高压检修工作的安全，必须坚持工作票、工作监护等工作制度。

经常接触和使用的配电箱、配电板、闸刀开关、按扭开头、插座、插销及导线等，必须保持完好，不得有破损或将带电部分裸露。

不得用铜丝、导线等代替保险丝，并保持闸刀开关、磁力开关等盖面完整，以防短路时发生电弧或保险丝熔断飞溅伤人。

经常检查电气设备的保护接地、接零装置，保证连接牢固。

在移动电风扇、照明灯、电焊机等电气设备时，必须先切断电源，并保护好导线，以免磨损或拉断。

在使用手电钻、电砂轮等手持电动工具时，必须安装漏电保护器，工具外壳要进行防护性接地或接零，并要防止移动工具时导线被拉断，操作时应戴好绝缘手套并站在绝缘板上。

在雷雨天，不要走进高压电杆、铁塔、避雷针的接地导线周围20m内。当遇到高压线断落时，周围10m之内，禁止人员进入；若已经在10m范围之内，应单足或并足跳出危险区。

对设备进行维修时，一定要切断电源，并在明显处放置"禁止合闸，有人工作"的警示牌。

第七节　电气设备运行监督

一、值班干部巡检重点

（1）电气岗位、电气设备操作规程及维护保养规章等各种制度的执行情况。

（2）供电系统的巡检情况和日常维护情况。

（3）本队或承包商用电设施的安全运行情况。

（4）电气设备操作人员电气安全基本知识的掌握情况。

（5）电气设备岗位的当班操作人员监护执行和记录情况。

（6）处理本队供电范围内的安全电气隐患和事故，对解决不了的要做好记录，并及时向上级主管部分汇报。

二、当班电工巡检重点

（1）搞好井场内外电气设施的维护、保养和系统参数检测，参与电气设施的巡检工作。

（2）了解本队及外来施工单位和协作单位的用电性质、负荷功率、安全保证措施等情况，并制订其应急预案。

（3）检查外来施工单位电气装置的安全与绝缘、漏电保护装置是否齐全、可靠。

（4）确定井场用电设备的供电位置和接入方式，并组织安装及正常供电。

（5）检查临时供电线路，及时排除井场内外电气方面的安全隐患。

三、运行监督基本要求

（1）供水系统的取水点的储水量或水流量是否充足。

（2）供水电机外壳无过热、转动平衡无异响，压力表指示正常，输水管道无漏、断现象。

（3）发电机组机体温度正常、无异响。输出电缆无过热现象。仪表指示的电压、频率、三相电流输出不平衡量在规定范围内。

（4）观察发电机组的输出功率变化情况，若超过额定功率的90%而工作时间在30min以上时，应启动备用发电机，重新分配输出功率。

（5）发电机、电动机、变压器、配电器、配电屏、控制开关、起动装置、馈电线路、防爆灯具、系统接地及保护装置、漏电保护装置等电气设施应齐全、完好、工作正常。

（6）电气设备外壳应无尘土，油垢及设备周围应无有碍安全运行的杂物和易燃物品。

（7）检查停电线路的各电器件连接点有无松动、过热和烧焦现象，保护接零和保护接地线是否紧固、完整。

（8）电动机及传动装置的保护罩有无松动、变形现象，电气设备、防爆灯具的固定螺栓是否紧固，防爆接插件是否到位，内部有无进水现象。防爆电器的外壳、螺栓是否拧紧无裂纹。

（9）变压器等充油型电器的油位、油色、油温等应符合规定，外壳应无漏油现象。

（10）检查临时馈电线路有无破损，其接头严禁与地面或金属构件接触，严禁防爆区域内的导线有接头。

四、巡检线路基本要求

（1）巡检工作应由井队电工负责。

（2）夜间巡线时应沿线路外侧进行，大风巡线时应沿线路上风侧进行。

（3）事故巡线应遵循线路带电的原则，即使明知该线路已停电，亦应认为线路随时有恢复送电的可能。

（4）巡线人员发现导线断落地面或悬吊空中，应及时采取措施防止行人靠近断线地点 8m 以内，并切断电源立即处理。

（5）对靠近变压器、裸导线的树、竹等植物应及时处理。

（6）检查输电线路的绝缘器件有无破损和放电现象，电杆是否倾斜，导线绝缘层是否损坏，电线和拉线是否松驰，有无断股现象。

（7）巡线工作应每月一次。

五、完井拆卸基本要求

（1）切断电源，清扫电气设备、设施的内外尘土。

（2）拆除不再使用的电气设备的馈电线路，并检查电器控制开关，增补缺件，更换或修理易损零部件。

（3）拆除开关、电器、防爆接插件，并做好防撞、防尘、防水处理。

第四章　电气作业事故应急

第一节　电气火灾应急处置

电气设备发生火灾时，为了防止触电事故，一般都在切断电源后才进行扑救。

一、电气火灾的扑救方法

电气设备发生火灾或引燃附近可燃物时，扑救前首先要切断电源。

（1）在自动空气开关或油断路器等主开关没有断开前，不能随便拉隔离开关，以免产生电弧发生危险。

（2）发生火灾后，用闸刀开关切断电源时，必须用绝缘的工具操作。

（3）切断用磁力起动器控制的电动机时，应先用按钮开关停电，然后再断开闸刀开关，防止电弧伤人。

（4）在动力配电盘上，只用作隔离电源而不用作切断负荷电流的闸刀开关或瓷插式熔断器，叫总开关或电源开关。切断电源时，应先用电动机的控制开关切断电动机回路的负荷电流，停止各个电动机的运转，然后再用总开关切断配电盘的总电源。

（5）当用各种电气开关切断电源已经比较困难，或者已经不可能时，可以在上一级变配电所切断电源。如需剪断对地电压在250V以下的线路时，可穿戴绝缘靴和绝缘手套，用断电剪将电线剪断。切断电源的位置应在电源来电方向的支持物附近，防止导线剪断后掉落在地上造成接地短路触电伤人。对三相线路的非同相电线应在不同部位剪断。在剪断扭缠在一起的合股线时，要防止两股以上合剪，否则造成短路事故。

（6）变压器的高压侧多用跌开式熔断器保护。如果需要切断变压器的电源时，可以用电工专用的绝缘杆捅跌开式熔断器的鸭咀，熔丝管就会跌落下来，达到断电的目的。

（7）电容器和电缆在切断电源后，仍可能有残余电压，因此，即使可以确定电容器或电缆已经切断电源，但是为了安全起见，仍不能直接接触或搬动电缆和电容器，以防发生触电事故。

二、几种电气设备火灾扑救方法

（一）发电机和电动机的火灾扑救方法

发电机和电动机等电气设备都属于旋转电机类，这类设备绝缘材料比较少，而且有比较坚固的外壳，如果附近没有其他可燃易燃物质，就可用二氧化碳、1211等灭火器扑救。大型旋转电机燃烧猛烈时，可用水蒸气和喷雾水扑救。对于旋转电机，不要用砂土扑救，以防硬性杂质落入电机内，使电机的绝缘和轴承等受到损坏。

（二）变压器和油断路器火灾扑救方法

变压器和油断路器等充油电气设备发生燃烧时，切断电源后的扑救方法与扑救可燃液体火灾相同。如果油箱没有破损，可以用于干粉灭火器、1211灭火器、二氧化碳灭火器等进行扑救。如果油箱已经破裂，大量变压器的油燃烧，火势凶猛时，切断电源后可用喷雾水或泡沫扑救。流散的油火，可用喷雾水或泡沫扑救。流散的油量不多时，也可用砂土压埋。

（三）变、配电设备火灾扑救方法

变配电设备有许多瓷质绝缘套管，这些套管在高温状态遇急冷或不均匀冷却时，容易爆裂而损坏设备，可能造成一些不应有的使火势进一步扩大蔓延。所以遇这种情况最好用喷雾水灭火，并注意均匀冷却设备。

（四）封闭式电烘干箱内火灾扑救方法

封闭式电烘干箱内的被烘干物质燃烧时，切断电源后，由于烘干箱内的空气不足，燃烧不能继续，温度下降，燃烧会逐渐被窒息。因此，发现电烘箱冒烟时，应立即切断烘干箱的电源，并且不要打开烘干箱。不然，由于进入空气，反而会使火势扩大，如果错误地往烘干箱内泼水，会使电炉丝、隔热板等遭受损坏而造成不应有的损失。

如果是车间内的大型电烘干室内发生燃烧，应尽快切断电源。当可燃物质的数量比较多，且有蔓延扩大的危险时，应根据烘干物质的情况，采用喷雾水枪或直流水枪扑救，但在没有做好灭火准备工作时，不应把烘干室的门打开，以防火势扩大。

三、带电灭火

危急情况下，为了取得扑救的主动权，扑救就需要在带电的情况下进行，带电灭火时应注意以下几点：

（1）必须在确保安全的前提下进行，应用不导电的灭火剂如二氧化碳、1211、1301、干粉等进行灭火。不能直接用导电的灭火剂如直射水流、泡沫等进行喷射，否则会造成触电事故。

（2）使用小型二氧化碳、1211、1301、干粉灭火器灭火时由于其射程较近，要注意保持一定的安全距离。

（3）在灭火人员穿戴绝缘手套和绝缘靴、水枪喷嘴安装接地线情况下，可以采用喷雾水灭火。

（4）如遇带电导线落于地面，则要防止跨步电压触电，扑救人员需要进入灭火时，必须穿上绝缘鞋。

此外，有油的电气设备如变压器。油开关着火时，也可用干燥的黄砂盖住火焰，使火熄灭。

第二节　触电事故应急处置

一、触电人员脱离电源

（1）发现有人触电时，应立即使触电人员脱离电源，方法如下：

① 高压触电脱离方法：触电者触及高压带电设备，救护人员应迅速切断

使触电者带电的开关、刀闸或其他断路设备，或用适合该电压等级的绝缘工具（戴绝缘手套、穿绝缘鞋、使用绝缘棒）等方法，将触电者与带电设备脱离。触电者未脱离高压电源前，现场救护人员不得直接用手触及伤员。救护人员在抢救过程中应注意保持自身与周围带电部分必要的安全距离，保证自己免受电击。

② 低压触电脱离方法：低压设备触电，救护人员应设法迅速切断电源，如拉开电源开关、刀闸，拔除电源插头等；或使用绝缘工具、干燥的木棒、木板、绝缘绳子等绝缘材料解脱触电者；也可抓住触电者干燥而不贴身的衣服，将其拖开，切记要避免碰到金属物体和触电者的裸露身体；也可用绝缘手套或将手用干燥衣物等包起绝缘后解脱触电者；救护人员也可站在绝缘垫上或干木板上，绝缘自己进行救护。为使触电者脱离导电体，最好用一只手进行。

③ 杆塔触电脱离方法：高、低压杆塔上作业发生触电，应迅速切断线路电源的开关、刀闸或其他断路设备，对低压带电线路，由救护人员立即登杆至能确保自己安全的位置，系好自己的安全带后，用带绝缘柄钢丝钳、干燥的绝缘体将触电者拉离电源。在完成上述措施后，应立即用绳索迅速将伤员送至地面，或采取可能的迅速有效的措施送至平台上。解脱电源后，可能会造成高处坠落而再次伤害的，要迅速采取地面拉网、垫软物等预防措施。

④ 落地带电导线触电脱离方法：触电者触及断落在地的带电高压导线，在未明确线路是否有电，救护人员在做好安全措施（如穿好绝缘靴、戴好绝缘手套）后，才能用绝缘棒拨离带电导线。救护人员应疏散现场人员在以导线落地点为圆心 8m 为半径的范围以外，以防跨步电压伤人。

（2）发现者应即时向单位领导和调度汇报，明确事故地点、时间、受伤程度和人数；调度应根据现场汇报情况，决定停电范围，下达停电指令。

（3）根据其受伤程度，决定采取合适的救治方法，同时用电话等快捷方式向当地的 120 抢救中心求救，并派人等候在交叉路口处，指引救护车迅速赶到事故现场。

（4）在医务人员未赶到现场前，现场人员应及时组织现场抢救，抢救方法如下：

① 触电伤员如神志清醒，应使其就地仰面平躺，严密观察，暂时不要使其站立或走动。

② 触电伤员如神志不清，应就地仰面平躺，且确保气道畅通，呼叫伤员或轻拍其肩部，以判断伤员是否意识丧失，禁止摇动伤员头部呼叫伤员。

③ 触电后又摔伤的伤员，应就地仰面平躺，保持脊柱在伸直状态，不得弯曲；如需搬运，应用硬模板保持仰面平躺，使伤员身体处于平直状态，避免脊椎受伤。

二、呼吸、心跳情况的判定

（1）触电伤员如意识丧失，用看、听、试的方法，判定伤员呼吸、心跳情况：

① 看——看伤员的胸部、腹部有无起伏动作；

② 听——用耳贴近伤员的口鼻处，听有无呼气声音；

③ 试——试测口鼻有无呼气的气流，再用两手指轻试一侧（左或右）喉结旁凹陷处的颈动脉有无搏动。

（2）若看、听、试结果，既无呼吸又无颈动脉搏动，则可判定为呼吸、心跳停止。

（3）心肺复苏法。触电伤员的呼吸和心跳均已停止时，应立即按心肺复苏法进行抢救。

① 通畅气道：如发现伤员口内有异物，可将其身体及头部同时侧转，并迅速用一个手指或用两手指交叉从口角处插入，取出异物。

通畅气道可采用仰头抬颏法：用一只手放在触电者前额，另一只手的手指将其下颌骨向上抬起，两手协同将头部推向后仰，舌根随之抬起，气道即可通畅。严禁用枕头或其他物品垫在伤员头下，因为头部抬高前倾，会加重气道的阻塞，且使胸外按压时心脏流向脑部的血流减少，甚至消失。

② 口对口（鼻）人工呼吸：在保持伤员气道通畅的同时，救护人员用放在伤员额头上的手指，捏住伤员的鼻翼，在救护人员深吸气后，与伤员口对口

紧合，在不漏气的情况下，先连续大口吹气两次，每次 1~5s。如两次吹气后试测颈动脉仍无搏动，可判断心跳已经停止，要立即同时进行胸外按压。

除开始时大口吹气两次外，正常口对口（鼻）呼吸的吹气量不需过大，以免引起胃膨胀。吹气和放松时要注意伤员胸部应有起伏的呼吸动作。吹气时如有较大阻力，可能是头部后仰不够，应及时纠正。

触电伤员如牙关紧闭，可口对鼻进行人工呼吸。口对鼻人工呼吸吹气时，要将伤员嘴唇紧闭，防止漏气。

③ 胸外按压：右手的食指和中指沿触电伤员的右侧肋弓下缘向上，找到肋骨和胸骨接合处的中点；两手指并齐，中指放在切迹中点（剑突底部），食指平放在胸骨下部；另一只手的掌根紧抬食指上缘置于胸骨上，即为正确的按压位置。正确的按压姿势如下：

使触电伤员仰面躺在平硬的地方，救护人员站立或跪在伤员一侧肩旁，两肩位于伤员胸骨正上方，两臂伸直，肘关节固定不屈，两手掌根相叠，手指翘起，不接触伤员胸壁。以髋关节为支点，利用上身的重力，垂直将正常成人胸骨压陷 3~5cm（儿童和瘦弱者酌减）。按压至要求程度后，立即全部放松，但放松时救护人员的掌根不得离开胸壁。按压必须有效，其标志是按压过程中可以触及颈动脉搏动。

操作频率如下：

胸外按压要以均匀速度进行，80 次 /min 左右，每次按压和放松的时间相等。

胸外按压与口对口（鼻）人工呼吸同时进行，其节奏为：单人抢救时，每按压 15 次后吹气两次（15∶2），反复进行；双人抢救时，每按压 5 次后由另一人吹气 1 次（5∶1），反复进行。

三、抢救过程中的再判定

（1）按压吹气 1min 后（相当于单人抢救时做了四个 15∶2 压吹循环），应用看、听、试方法在 5~7s 时间内完成对伤员呼吸和心跳是否恢复的再判定。

（2）若判定颈动脉已有搏动但无呼吸，则暂停胸外按压，再进行两次口对口人工呼吸，接着每 5s 时间吹气一次（即 12 次/min）。如脉搏和呼吸均未恢复，则继续坚持心肺复苏法抢救。

四、抢救过程中伤员的移动与转院

（1）心肺复苏应在现场就地坚持进行，不要为了方便而随意移动伤员，如确实需要移动时，抢救中断时间不应超过 30s。

（2）移动伤员或将伤员送往医院时，应使伤员平躺在担架上，并在其背部垫以平硬阔木板。移动或送医院过程中应继续抢救，心跳呼吸停止者要继续心肺复苏法抢救。

（3）应创造条件，用塑料袋装入砸碎了的冰屑做成帽状包绕在伤员头部，露出眼睛，使脑部温度降低，争取心脑完全复苏。

五、伤员好转后的处理

（1）如伤员的心跳和呼吸经抢救后均已恢复，可暂停心肺复苏法操作，但心跳呼吸恢复的早期有可能再次骤停，应严密监护，不能麻痹，要随时准备再次抢救。

（2）初期恢复后，伤员可能神志不清或精神恍惚、躁动，应设法使伤员安静。

（3）现场抢救用药：现场触电抢救，对采用肾上腺素等药物治疗应持慎重态度。如没有必要的诊断设备和条件及足够的把握，不得乱用。在医院内抢救触电者时，由医务人员经医疗仪器设备诊断后，根据诊断结果再决定是否采用。

参 考 文 献

［1］罗云，注册安全工程师手册．北京：化学工业出版社，2004．
［2］张乃禄，刘灿，安全评价技术．西安：西安电子科技大学出版社，2007．
［3］国家安全生产监督管理总局，安全评价（第3版）．北京：煤炭工业出版社，2005．
［4］汪元辉，安全系统工程．天津：天津大学出版社，1999．
［5］陈宝智，系统安全评价与预测．北京：冶金工业出版社，2011.2．
［6］秦等社等，事故树分析评价技术及应用．北京：石油工业出版社，2013.1．
［7］高庆敏，电气防火技术．北京：机械工业出版社，2011.12．
［8］谭刚强，王豫，李顺平，现代石油井场电气安全．成都：电子科技大学出版社，2008．
［9］秦等社等，井筒施工作业现场隐患治理对策．北京：石油工业出版社，2014.7．